Couverture inférieure manquante

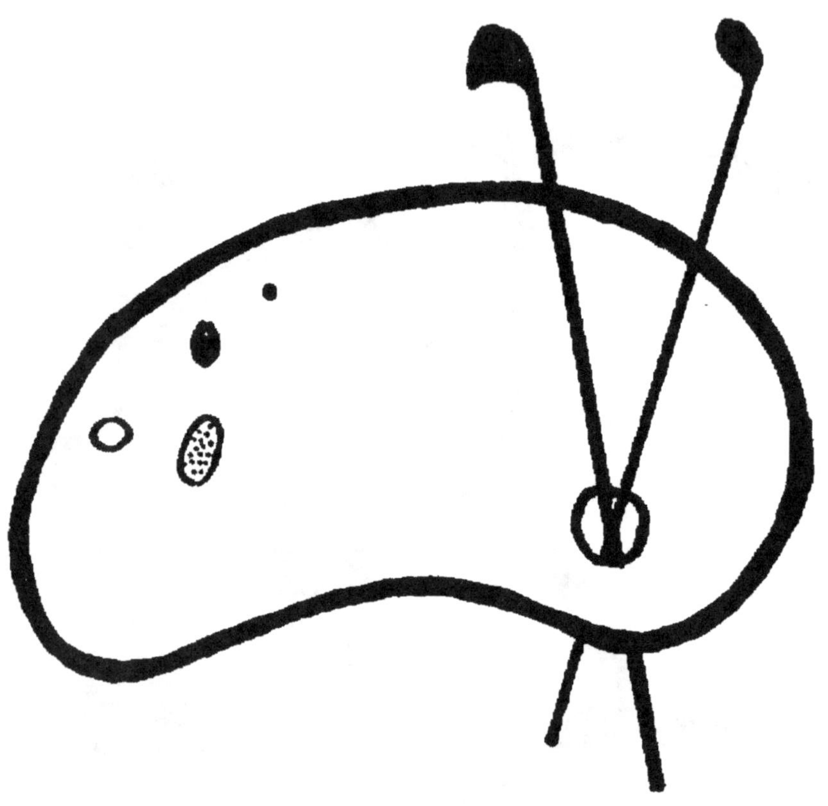

DEBUT D'UNE SERIE DE DOCUMENTS
EN COULEUR

GUIDE
DU
BOTANISTE
DANS LE DAUPHINÉ

EXCURSIONS BRYOLOGIQUES ET LICHÉNOLOGIQUES

SUIVIES

POUR CHACUNE D'HERBORISATIONS PHANÉROGAMIQUES
OÙ IL EST TRAITÉ DES PROPRIÉTÉS ET DES
USAGES DES PLANTES AU POINT DE VUE DE LA MÉDECINE,
DE L'INDUSTRIE ET DES ARTS

Par l'Abbé RAVAUD

Curé du Villard-de-Lans, Chanoine honoraire de Valence.

1re EXCURSION

COMPRENANT

LES ENVIRONS DE GRENOBLE

Echirolles, Pont-de-Claix, Rochefort, Comboire et les
Digues du Drac.

GRENOBLE
Xavier DREVET, éditeur
Librairie de l'Académie
14, Rue Lafayette, 14
SUCCURSALE A URIAGE-LES-BAINS
Bureaux du Journal *Le Dauphiné*

2e ÉDITION

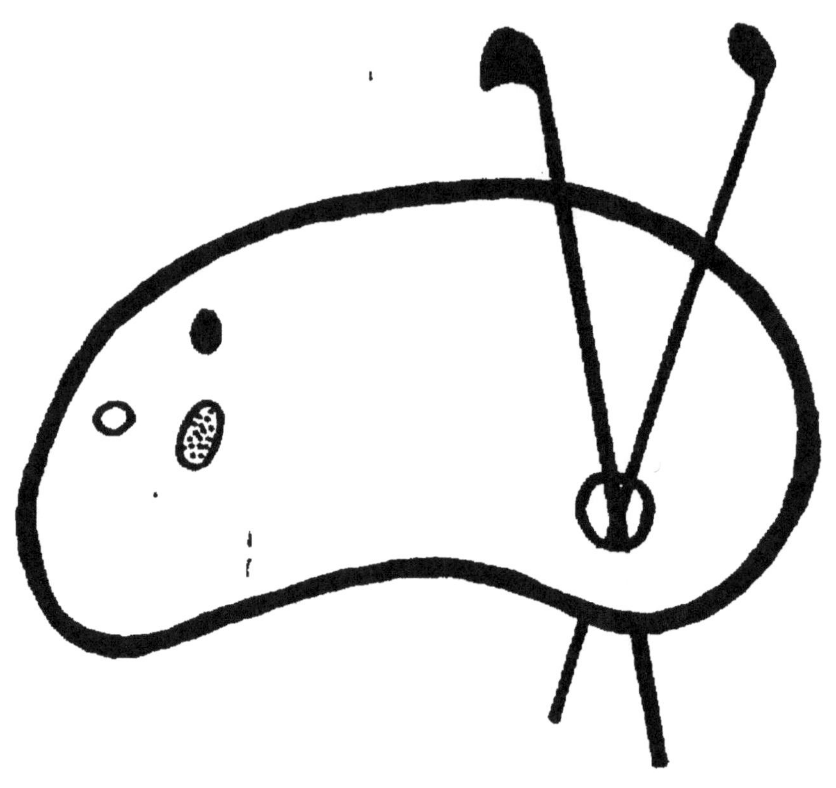

FIN D'UNE SERIE DE DOCUMENTS
EN COULEUR

GUIDE DU BOTANISTE

Dans le Dauphiné

Bibliothèque du Touriste en Dauphiné

GUIDE

DU

BOTANISTE

DANS LE DAUPHINÉ

EXCURSIONS BRYOLOGIQUES ET LICHÉNOLOGIQUES

SUIVIES

POUR CHACUNE D'HERBORISATIONS PHANÉROGAMIQUES
OU IL EST TRAITE DES PROPRIÉTÉS ET DES
USAGES DES PLANTES AU POINT DE VUE DE LA MÉDECINE,
DE L'INDUSTRIE ET DES ARTS

Par l'Abbé RAVAUD

Curé du Villard-de-Lans, Chanoine honoraire de Valence.

1re EXCURSION

COMPRENANT

LES ENVIRONS DE GRENOBLE

Echirolles, Pont-de-Claix, Rochefort, Comboire et les
Digues du Drac.

GRENOBLE

Xavier DREVET, éditeur

Librairie de l'Académie

14, Rue Lafayette, 14

SUCCURSALE A URIAGE-LES-BAINS

Bureaux du Journal *Le Dauphiné*

LA
FLORE DE GRENOBLE

Parmi les sciences naturelles, la botanique est, sans contredit, l'une des plus attrayantes : aussi utile pour le co'ps que morale pour l'esprit, elle invite à des promenades pleines d'intérêt et de charmes ; procure, au milieu des études sérieuses, un des plus dignes délassements que puisse choisir l'homme instruit ; pique la curiosité du philosophe attentif à interroger les secrets de la nature, lui ouvre une source féconde de méditations, agrandit ses pensées et élève ses se..iments, en lui faisant coñtempler, dans ses détails les plus intimes, la beauté et la sagesse si merveilleuse de l'œuvre du Créateur.

La première préoccupation du botaniste est d'étuier, dans la contrée qu'il habite ou dans des excurions plus ou moins lointaines, les diverses plantes ui fixent d'abord sur elles son regard par leurs prortions plus développées, par leur fructification plus pparente, visible à l'œil nu et que, pour ce motif, on est convenu d'appeler phanérogames. Mais quand il connaît ces plantes qu'il est allé cueillir au fond des vallées, sur le penchant des coteaux et jusque sur le sommet des plus hautes montagnes, lorsqu'il en a réuni les différentes espèces dans son herbier ; alors, désireux d'approfondir par des études plus complètes une science qui l'a enchanté par de si douces et de si vives jouissances, il tourne son attention vers ce grand nombre de toutes petites plantes qu'il avait jusque-là négligées ; il demande leur nom à ce lichen qui étend son thalle grisâtre ou doré sur le rocher ou sur le vieux tronc décomposé, à cette délicate hépatique qui, au bord de la fontaine, élève sur une tige blanche et filiforme sa fleur étoilée, à cette mousse dont l'agréable verdure tapisse les pierres le long des sentiers ombragés, se suspend aux branches des arbres ou embellit les fissures de la montagne et décore le flanc des cascades. Heureux du nouvel horizon qu'il vient de voir s'ouvrir à ses études chéries, le botaniste recommence avec plus d'ardeur que jamais ses promenades, ses recherches scientifiques, et s'applaudit chaque jour davantage des richesses ignorées qu'il découvre ; armé du microscope qui étend le domaine de ses investigations, qui lui révèle comme un nouveau monde plein, dans sa petitesse, d'étonnantes merveilles, soit qu'il examine la structure de ces plantes si ténues, le tissu et les broderies dentelées de leurs feuilles, les organes divers de ces charmantes urnes où mûrissent leurs milliers de graines lenticulaires, à chaque instant il va de surprise en surprise et, ravi de trouver Dieu si parfait jusque dans ses œuvres les plus petites, il répète, dans son admiration, ce cri d'un vrai et sublime philosophe, saint Augustin: « Oui, Dieu est grand dans les grandes choses, mais il est plus grand encore dans les plus petites :

Magnus in magnis, sed maximus in minimis. »

En traçant ces quelques lignes, je ne fais que redire mes propres impressions; les plaisirs scientifiques, les distractions utiles que j'ai trouvés moi-même dans la botanique et les divers degrés par lesquels j'ai été conduit de l'étude des plantes phanérogames à celles de quelques classes de cryptogames, c'est-à-dire des mousses, des hépatiques et des lichens.

Privé de guides pour diriger mes excursions, j'ai fait, à pas incertains, toutes mes recherches cryptogamiques : cependant j'ai trouvé beaucoup, parce que les lieux que j'ai plus particulièrement explorés sont Grenoble et ses environs, dont la flore est des plus riches non-seulement de France, mais d'Europe. En effet, roches arénacées et dépôts d'alluvions, terrains calcaires et terrains gratiniques avec la plupart de leurs modifications les plus importantes ; vallées profondes arrosées par des rivières qui déposent du limon ou du gravier sur leurs bords ; riches prairies sillonnées de mille ruisseaux ; coteaux, bois taillis et grandes forêts ; basses montagnes, depuis les bruyères jusqu'aux pelouses alpestres ; lacs plus ou moins étendus, formés au pied de rochers par la fonte des glaciers, et au-dessus de ces lacs les sommets les plus élevés de la région subalpine ou de la région alpine elle-même, couronnés de neiges éternelles ; en un mot, les stations et les climats les plus divers et les plus opposés, depuis une altitude de deux cents à trois mille cinq cents et quatre mille mètres; les conditions les plus capricieuses que puissent rechercher la flore la plus brillante et la plus variée, naine ou gigantesque, tout se réunit à souhait à Grenoble et dans les alentours pour en faire la localité privilégiée d'une foule de plantes et fournir au botaniste un champ d'exploration des plus intéressantes qu'il puisse désirer.

Depuis quelques années la cryptogamie, la bryologie surtout, a un bien plus grand nombre d'adeptes qu'autrefois : le magnifique ouvrage de MM. Bruch et Schimper, et, en particulier, le *Synopsis Muscorum* de ce dernier, ont beaucoup contribué à répandre cette science ; enfin, je ne doute pas que la récente *Flore cryptogamique* de M. l'abbé Boulay n'achève de vulgariser l'étude des mousses et des hépatiques et ne soit bientôt entre les mains de tous ceux qui veulent connaître la bryologie de la France. Si je puis moi-même être de quelque utilité aux cryptogamistes qui se proposeraient de visiter l'Isère, si je puis faciliter leurs recherches et leur faire gagner du temps, je consens volontiers à leur indiquer quelques herborisations où ils pourront recueillir davantage, à leur signaler les raretés que j'ai découvertes.

Bien que la recherche des mousses, des hépatiques et des lichens soit mon but spécial, ce ne sera point un hors-d'œuvre d'indiquer les principales plantes phanérogames que nous rencontrerons sur notre passage ou qui en seront à peu de distance ; ces indications, véritables *Herborisations phanérogamiques*, non-seulement auront l'avantage de signaler les traits caractéristiques de la végétation des lieux que nous auront parcourus, mais encore d'être utiles à plus d'un botaniste qui, sans s'occuper de cryptogamie, serait bien aise d'être dirigé dans des excursions qu'il serait désireux de faire et de savoir quelles plantes il y pourra cueillir.

Grenoble sera le centre de nos excursions ; c'est de là que nous décrirons dans la plaine et à travers les montagnes des rayons plus ou moins étendus : chacun, après avoir consulté son ardeur et éprouvé ses forces, verra s'il doit se limiter à de faciles promenades ou tenter courageusement, le bâton ferré à la main, l'ascension des hauts sommets et des pics les plus élevés.

Aux alentours immédiats de Grenoble, le botaniste, aussi bien que le bryologue, peut commencer ses récoltes dès les premiers jours de février et ne les terminer qu'en décembre ; mais, au-dessus de ce niveau de 200 mètres, à mesure qu'il s'avance dans la région montagneuse, il doit attendre mars et avril et s'arrêter à la fin d'octobre : quant à la région subalpine ou alpine, il n'est guère possible de les parcourir utilement avant le mois de juin et après celui de septembre : juillet et août sont pour cette altitude les époques les plus favorables, et celles par conséquent qu'il faut préférer.

Mais parmi tant de lieux divers excitant sa curiosité et provoquant ses recherches, que le botaniste enchanté voit se dérouler à ses pieds et devant lui sur les gradins étagés de ce grandiose amphithéâtre des montagnes de Grenoble, lesquels, forcé de se borner à quelques-uns, ira-t-il choisir de préférence et explorer ? Nous fixerons son attention sur un petit nombre de stations plus spéciales qui nous paraissent résumer l'ensemble des richesses bryologiques et lichénologiques du périmètre autour duquel nous avons promis de servir de guide. Pour la plaine qui environne Grenoble, deux promenades pourront suffire, l'une à Echirolles (1) et l'autre aux Cuves de Sas-

---

(1) *1re Excursion.* — Grenoble, cours Saint-André, Echirolles, Jarrie, Champagnier, Pont-de-Claix, Varces, Vif, Rochefort, Claix, Rocher de Comboire, Seyssins, les deux digues du Drac, Polygone d'artillerie.

senage (1) ; nous monterons ensuite sur le côteau de Parménie (2), dont la croupe allongée, vaste dépôt d'alluvion, domine la riche vallée de Moirans et Tullins. De là, revenant sur nos pas, nous visiterons le massif du Villard-de-Lans (3) ; nous gravirons les flancs escarpés de la Moucherolle (4), du Grand-Veymont (5), Chamechaude et la Grande-Chartreuse (6). Au sortir de ce terrain calcaire, nous passerons à nos Alpes granitiques pour nous enfoncer tour à tour dans les sinuosités de leurs vallées profondes ou escalader leurs cimes neigeuses ; Uriage et les monta-

---

(1) *2e Excursion.* — De Grenoble aux Balmes de Fontaine, Beauregard, le Désert de Jean-Jacques, la Tour-sans-Venin, Bois de Vouillant, Fontaine, Ouves de Sassenage.

(2) *3e Excursion.* — De Grenoble à Parménie, Rives, Renage, Bords de la Fure, Beaucroissant, Voreppe, Chalais, St-Egrève, le Casque de Néron, Saint-Martin le-Vinoux, la Bastille et le Mont Rachais.

(3) *4e Excursion.* — De Grenoble au Villard-de-Lans, les Côtes de Sassenage, les gorges d'Engins, Lans, les Touches, les Jarrands, la Fauge, le Col Vert.

(4) Herborisation (phanérogames) à la Moucherolle, Forêts de Corrençon et d'Esparron ; Mont-Aiguille, Montagnes de la Croix-Haute et Forêt de Durbon.

(5) *5e et 6e Excursions.* — La Grande Moucherolle et ses alentours (cryptogames), le Grand-Veymont et le Diois, col de Rousset et Forêts du Vercors.

Les Grands et les Petits Goulets, Excursion botanique dans la vallée de la Bourne et le Vercors, par Paul Tillet.

(6) *7e Excursion.* — *Les Montagnes de la Chartreuse,* St-Laurent-du-Pont, Bords du Guiers, le Monastère, Prairies de Boivinant, le Grand-Som, Chamechaude, Forêt de Porte, le Sappey, le St-Eynard, Corenc, Meylan, Biviers, la Tronche.

gnes de Champrousse (1), Allevard et les Sept-Laux,
Revel et Belledonne (2), Livet et Taillefer, le Valbonnais et le Chamoux (3).

Lnfin, en dehors du département de l'Isère, le
Villard-d'Arène et le Pic du Bec, le Lautaret et le
Galibier (1), les Hautes-Alpes et le Queyras (2), seront
l'objet d'autant d'excursions successives : ce sera le
moyen de voir et de cueillir beaucoup, en évitant le
plus possible la monotonie et les redites, et d'augmenter l'intérêt par la variété et par la gradation.

De Grenoble à Echirolles.

Situé au sud-est de Grenoble et à une distance de
8 kilomètres, Echirolles est un village dont le principal groupe de maisons s'adosse à un coteau boisé
de médiocre étendue, mais dont le sol est très acci-

---

(1) *8ᵉ Excursion.* — Grenoble, Porte Très-Cloîtres, Ile-
Verte, Gières, Uriage, Vaulnaveys, Chartreuse de Pré-
mol, Lac Luitel, Champrousse.

(2) *9ᵉ et 10ᵉ Excursions.* — *Les Montagnes de Belledonne :* Domène, Revel, Lac du Cœurzet, Pic de Belledonne, Lacs Doménon, Chalet de la Pra. — *Les Montagnes des Sept-Laux :* Allevard, La Ferrière, les vallées
du Bréda et de Veyton, les Sept-Laux.

(3) *11ᵉ Excursion.* — *Isère et Hautes-Alpes :* Champ,
Vizille, Laffrey, Pierre-Châtel, la Motte-les-Bains, la
Mure, Marcieu, le Seneppe, Corps, la Salette, le Planeau,
le Gargas, Col de l'Homme, Valbonnais, Valjouffrey, le
Chamaux, le Mont-Bayard, Gap et ses alentours, le Mont
Aurouze.

(4) *12ᵉ Excursion.* — L'Oisans et le Col du Lautaret,
les Grandes Rousses, Taillefer, le massif du Pelvoux.

(5) *13ᵉ Excursion.* — Hautes-Alpes, vallée du Queyras, Mont Viso.

denté ; couvert en grande partie de taillis verdoyants d'où se détachent les troncs de quelques grands arbres ; parsemé de clairières herbeuses et humides ; sillonné en sens divers de sentiers à larges talus, creusés de profondes ornières ; ombragé à sa base d'un gros massif de vieux sapins, et bordé çà et là des pierres d'anciennes murailles en ruines, ce coteau, comme on le voit, offre aux plantes qui nous occupent une foule de stations favorites. C'est là que nous allons nous rendre, en partant, si on le veut, du Jardin botanique de la ville : après avoir rejoint le cours Saint-André, nous longerons cette belle allée, sans négliger sur notre passage les différentes espèces qui se présenteront à nous, jusqu'au delà du Rondeau où, tournant sur notre gauche, nous prendrons le chemin de traverse qui conduit à Echirolles.

Puisque c'est du Jardin botanique de Grenoble que nous commençons notre excursion, nous y cueillerons çà et là, au bord des plates-bandes, le *Phascum cuspidatum* Sch., le *Pottia minutula* Bruch. et Sch., et sur des amas de terreau humide d'abondantes touffes de *Dicranella varia* Sch., var. *callistoma*, et de *Webera carnea* Sch. En suivant le cours Saint-André, nous rencontrons, à terre, mais rarement, le *Gymnostomun crispatum* Sch., l'*Anacalypta Starkeana* Nees et Hornsch., et fréquemment, au contraire, l'*Anacalypta lanceolata* Rœhling; les ormes et les tilleuls de cette longue avenue se présentent à nous, pour la plupart, avec leurs vieux troncs tapissés de *Leucodon sciuroides* Schwægr., d'*Orthotrichum affine* Schrad., de *Barbula lævipila* Brid., bigarrés de larges croûtes blanches, jaunes ou noirâtres, de nombreux lichens, tels que les *Parmeia caperata* Ach., *tiliacea* Ach., *acetabulum* Dulsy, *obscura* Schœr., *ciliaris* Ach., *Variolaria com-*

munis Ach., *Urceolaria mutabilis* Ach., *Leptogium Hildenbrandii* Nyl., enfin, entre les fissures de l'écorce de ces mêmes arbres, on trouve aussi, mais avec des yeux attentifs, l'*Opegrapha hebraica* L. Dufour.

Si, de temps en temps, quittant les allées du cours, on se détourne à droite ou à gauche, à la distance de cinquante à deux cents mètres, on récoltera dans des prairies spongieuses l'*Hypnum aduncum* Hedw., stérile (1) ; le long d'une foule de petits ruisseaux les *Physcomitrium pyriforme* Brid., *Brachythecium velutinum* Br. et Sch., *B. rutabulum* Br. et Sch. *B. velutinum* Br. et Sch., *B. rutabulum* Br. et Sch. *Rhynchostegium rusciforme* Br. et Sch. ; sur le tronc des peupliers et surtout des saules qui bordent ces ruisseaux, les *Orthotrichum obtusifolium* Schrad., *Pylaisia polyantha* Sch., *Homalothecium sericeum* Br. et Sch., *Brachythecium salebrosum* Br. et Sch. ; à leur base ou sur leurs racines découvertes à moitié baignées dans l'eau, les *Mnium rostratum* Schwægrichen, *Leskea polycarpa* Ehr., var. *paludosa* Hedw., *Brachythecium populeum* Br. et Sch., *Eurhynchium prælongum*, var. *macrocarpum* Sch., *Amblystegium serpens* Br. et Sch. *A. riparium* B. et Sch., sur l'écorce de ces mêmes saules se voient, entre autres lichens, les *Lecanora citrina* Ach., *L. cerina* Ach., *L. subfusca* Ach., *L. scrupulosa* Ach. *L. Hageni* Ach. *Lecidea parasema* Ach., *L. premnea* Ach., *Verrucaria galactites* Ach., *Opegrapha cymbiformis* Schœr., *O. radiata* Pers. *O. obscura* Pers., *O. atra* Pers. Des éra-

---

(1) Toutes les fois que je signale une mousse comme stérile, cela signifie que je ne l'ai jamais rencontrée fertile.

bles épars çà et là dans la campagne nous présentent l'*Orthotrichum pumilum* Swartz, et de longues files de mûriers ont leurs rameaux tout blancs de *Parmelia leptalea* Ach.

En traversant le village d'Echirolles, nous observons, au pied et à la surface des murs des maisons ou des jardins, les *Barbula unguiculata* Hedw., *B. revoluta* Sch., *B. convoluta* Hed., *B. muralis* Hed., *Grimmia crinita* Brid., *G. pulvinata* Smith, *Encalypta streptocarpa* Hed., *Funaria hygrometrica* Hed., *Bryum inclinatum* Br. et Sch. *Bryum cæspititium* Linn., *Rhynchostegium murale* Br. et Sch. A l'extrémité du village, nous rencontrons de gros arbres dont le tronc est couvert de *Madotheca platyphylla* Dum., très fertile, et des cerisiers où le *Frullania Tamarisci* Nees ab Ess. étale ses tiges rougeâtres.

Parcourons maintenant en sens divers le coteau d'Echirolles, nous y cueillerons parmi les courtes herbes de clairières à sol argileux, les *Pleuridium subulatum* Br. et Sch., *Rhacomitrium canescens* Brid., *Physcomitrium ericetorum* Sch., *Hypnum cupressiforme* Linn.; sur des pierres ombragées les *Rhynchostegium confertum* et *rotundifolium* Br. et Sch., dans les taillis les *Dicranum scoparium* Hed., *D. undulatum* Br. et Sch., *Eurhynchium prælongum* Br. et Sch.; au bord et le long des talus sableux des sentiers et des ornières, les *Fissidens exilis* et *adianthoides* Hed., *Atrichum undulatum* Pal. de B. *Homalia trichomanoides* B. et Sch.; çà et là de petits chênes ont leurs branches toutes rugueuses de *Lecidea quernea* Ach., et de jeunes hêtres ont leur base tapissée de *Radula complanata* Dum., ou sillonnée des singuliers caractères de l'*Opegrapha scripta* var. *pulverulenta* Ach. Au milieu des sapins nous trouvons, sur leurs racines ou sur la

— 15 —

terre, les *Mnium cuspidatum* Hedw., *M. affine*
Blandow, rare, *Thuidium abietinum* Br. et Sch.,
toujours stérile dans nos contrées, *T. delicatulum*
B. et Sch., *Hypnum purum* L. Les branches des
sapins sont chargées d'*Orthotrichum leiocarpum* Br.
et Sch., leurs troncs sont jaunis des longues tiges
pendantes de l'*Hypnum cupressiforme* Linn., var.

forme Sch. ou noircis de larges plaques du *Frul-
ia dilatata* Nees ab Ess., bien fructifié.

Les marais de Rochefort, sur la rive gauche du Drac,
ne sont qu'à deux kilomètres d'Echirolles : hâtons-
nous de passer le Pont-de-Claix et d'aller les visiter.
Presque à l'entrée du vieux pont, sur des rochers qui
bordent la route, à gauche, nous prendrons l'*Encalypta vulgaris* Hdw. var. *obtusa* Sch. et de l'autre côté
du pont, au pied d'un rocher élevé, le *Funaria micros-
toma* Bruch et Sch. Dans les marais de Rochefort,
nous trouvons bien fructifiés les *Hypnum stallatum*
Schreb., *H. cuspidatum* Linn., mais stériles *H. fluitans*
Dill., *H. Sendtneri* Sch., et sur les racines de
peupliers d'Italie *H. chrysophyllum* Brid. var. *tenel-
lum* Sch.

C'est par la rive droite du Drac que nous retour-
nerons à Grenoble : elle est exhaussée d'une large
digue d'un côté aride et semée de graviers, de l'autre
plantée de différents arbres, émaillée de vertes
saulaies, arrosée de fontaines et creusée de fosses
profondes dont les talus sont ombragés de broussailles
ou exposés au soleil ; il n'y a qu'à suivre et à explorer
cette digue avec attention pour y trouver les mousses
suivantes : *Weissia crispula* Hedw., *Distichium capil-
laceum* Br. et Sch., espèces descendues des montagnes, *Ceratodon purpureus* Br,, *Trichostomum
crispulum* Bruch., *Barbula rigida* Schultz., *B. fallax*
Hedw., var. *brevicaulis* Sch., *B. gracilis* Sch., B.

inclinata Schw., *B. ruralis* Hedw., var. *rupestris* Sch., *Grimmia apocarpa* Hedw., *Webera annotina* Schw., *Philonotis marchica* Brid., ces deux dernières espèces autour de la citerne des anciennes fontaines de la ville, *Hypnum rugosum* Ehrh.; sur des troncs de peupliers et de saules *Orthotrichum cupulatum* Hoffm., type, *O. diaphanum* Sch.; sur des ormes *Lecanora rubra* Duby, suř des blocs de granit *Placodium elegans* D. C., enfin parmi les graviers, un *collema* que j'avais communiqué à M. Dufour et dans lequel il avait cru reconnaître le *C. acrochordon* Villars.

Nous voilà au terme de notre première excursion : si, parmi les mousses et les lichens que nous avons observés, il est beaucoup d'espèces communes, il en est cependant un certain nombre qui ne sont pas sans intérêt : du reste, toutes ont l'avantage de donner la physionomie bryologique et lichénologique du terrain d'alluvion que nous venons de parcourir.

Herborisation phanérogamique.

Tout en reprenant l'itinéraire déjà suivi pour le parcourir de nouveau, je demanderai de pouvoir de temps à autre m'en écarter un peu, afin de le développer davantage, selon que des localités tout à fait voisines de celles que nous aurons explorées m'inviteront à y signaler des plantes d'un intérêt particulier. Dans les lieux que nous visiterons, s'il est quelques espèces que je n'aie pas eu le plaisir de rencontrer ou d'observer moi-même, j'en emprunterai l'indication à ceux qui ont le mieux connu la flore du Dauphiné et en ont écrit d'une manière plus compétente : nous consulterons par conséquent Villars (1), Chaix son collaborateur et le compagnon de ses courses, Mutel (2), Grenier (3), l'abbé David, ancien professeur de botanique au Petit Séminaire de Grenoble, qui a pris part à la 2e édition de la Flore du Dauphiné de Mutel ; nous aurons également recours à des botanistes aussi habiles qu'infatigables à explorer actuellement encore nos contrées : ce sont en particulier MM. Alexis Jordan (4), observateur d'une délicatesse si scrupuleuse que l'on serait presque tenté de lui reprocher l'excès peut-être de ses qualités, et dont les recherches nous ont enrichis de bon nombre d'espèces nouvelles, décrite dans ses divers opuscules ; Verlot (5), ancien directeur du Jardin botanique de Grenoble et auteur d'un Catalogue raisonné des plantes vasculaires du Dauphiné, où se trouvent des notes critiques si judicieuses qu'on regrette qu'elles n'y soient pas plus multipliées ; Arvet-Touvet (6), qui, sans négliger les autres genres,

(1) *Villars*, Histoire des plantes du Dauphiné, 1786-1789.

(2) *Mutel*, Flore du Dauphiné, 1830, 2e édit. 1848.

(3) *Grenier*, Discours de réception à l'Académie de Besançon, 1849.

(4) *Jordan*, Observations sur les plantes de France, 1849.

Pugillus plantarum novarum, 1852.

Annales de la Société linnéenne de Lyon. 1860.

Diagnoses d'espèces nouvelles, 1864, etc.

(5) *Verlot*, Catalogue raisonné des plantes vasculaires du Dauphiné, 1872.

Herborisations, dans le *Bulletin de la Société botanique de France*, session extraordinaire à Grenoble, en août 1860.

(6) *Arvet-Touvet*, Essai sur les plantes du Dauphiné, 1871. — *Id.* Monographie des Pilosella et des Hieracium du Dauphiné, 1876. — Suppl. à la Monographie des Pilosella et des Hieracium du Dauphiné, 1873.

a donné une attention toute spéciale à celui de nos Hieracium et a décrit le résultat de ses observations dans une Monographie et un Supplément du plus vif intérêt ; Benoît Jayet, qui jamais n'a reculé devant aucun obstacle lorsqu'il s'est agi d'aller cueillir une plante rare ; MM. les abbés Boullu, Chaboisseau, Debut, Faure, Sauze, etc., qui ont fouillé avec succès et refouillé, pour ainsi dire, tous les coins et les recoins de nos Alpes. En relation avec tous ces bo'anistes, je dois à leur amitié et à leur obligeance d'avoir eu ma part de leurs plus rares trouvailles et reçu les indications précises des stations où ils les ont faites.

Pour mettre plus de variété dans nos herborisations et en augmenter l'attrait, j'ai cru que l'on ne me saurait point mauvais gré peut-être de dire chemin faisant et à l'occasion un mot des propriétés les plus caractéristiques de quelques plantes dont l'expérience et l'analyse scientifique ont constaté la vertu. De la sorte, il arrivera que l'œuvre accessoire à laquelle je me suis engagé sera plus étendue que celle dont j'ai fait mon but principal et que nos excursions phanérogamiques tiendront plus de place que nos excursions bryologiques et lichénologiques ; mais je ne vois là aucun inconvénient : ce que je me propose dans l'ensemble . c'est avant tout d'inviter, en les aidant, ceux qui voudront me prendre pour guide, à l'étude de la nature et de rendre plus faciles leurs recherches dans quelques herborisations.

Une fois pour toutes, j'avertis que je donne à chaque localité figurant dans notre itinéraire un rayon d'une certaine étendue : les fortifications, par exemple, comprendront leurs alentours jusqu'à une longueur de deux ou trois cents mètres ; le cours Saint-André ne sera point limité à ses allées ou à ses fossés, mais j'y annexerai, selon une expression fort reçue de nos jours, les chemins et sentiers de traverse, les haies, les prairies, les champs cultivés , les eaux qui l'avoisinent.

Dans nos deux ou trois premières herborisations, je signalerai à peu près toutes les plantes spontanées et même subspontanées de la plaine et des coteaux de Grenoble pour donner de sa flore, à une altitude d'environ deux cents à deux cent cinquante mètres, une idée aussi complète que possible, mais dans la suite je serai plus exclusif et je me contenterai d'appeler l'attention sur les plantes un peu rares ou sur celles qui caractérisent plus spécialement telle ou telle station.

Il va sans dire que les plantes que je signalerai ne peuvent être cueillies en une seule et même herborisation : chaque plante a pour fleurir et fructifier sa saison qui lui est propre ; c'est donc au printemps, en été, au commencement ou à la fin de l'automne qu'il faudra savoir la chercher. Quant à la manière de s'y prendre pour faire telle excursion, au temps qu'il y faut donner, j'en parlerai sans doute, mais sans minutieux détails, évitant d'ailleurs le plus possible de revenir sur ce qui aura déjà été dit dans nos excursions cryptogamiques : nous laisserons à chacun le soin de s'approvisionner de telle manière que bon lui semblera, de diviser ses promenades de la manière qu'il le jugera plus à propos, de multiplier ses haltes, de faire ses excursions courtes ou longues, et de ne consulter que son gré, sa force ou ses loisirs.

Promenades sur les fortifications de Grenoble.

Le Jardin des plantes est cette fois encore notre

point de départ : dans ses bassins nous avons à cueillir, quoique presque disparu aujourd'hui, le *Chara fragilis* Desvaux, et, pour ne pas revenir à cette petite famille des Characées, je mentionne immédiatement les espèces qui croissent autour de Grenoble : on les trouve dans les fossés et dans les eaux stagnantes, et particulièrement aux Granges et à l'Ile-Verte (1) ; ce sont : *Chara fœtida* Al. Braun, *longibracteata* Wallmann, *hispida* Smith ; *Nitella glomerata* Cosson et Germain, et *syncarpa* Chevallier : une d'entre elles, le *Chara coarctata* Wallm., habite, au Lautaret, le bord des sources. Ces plantes, de forme particulière et d'un vert sombre, toutes aquatiques et submergées dans les eaux tranquilles ou stagnantes, sont remarquables par les singularités de leur développement et par de curieux phénomènes de circulation intra-utriculaires : elles exhalent une odeur fétide que l'on considère comme une cause très influente des fièvres paludéennes et l'une des sources principales de la *mal'aria* dans la campagne de Rome.

En suivant, le long des remparts, le chemin qui conduit du Jardin des plantes à la porte des Alpes et à l'école d'aérostation, nous trouvons le *Linaria prætermissa* Delastre, ici peut-être, subspontané, et le *Senebiera pinnatifida* De Candolle ; cette plante étrangère, mais depuis longtemps naturalisée en Bretagne et dans la Provence, doit être regardée comme appartenant à la flore de Grenoble ; je l'ai récoltée déjà dès 1848 au lieu que je cite. On trouvait autrefois sous le pont-levis de la porte de Bonne (enceinte 1832-36) une petite plante, formant des touffes

---

(1) Voir *Guide du Botaniste en Dauphiné*, 8e excursion : Ile-Verte, Gières, etc.

d'un vert foncé, qui est venue de l'Amérique du Nord s'acclimater ici et se réunir à nos plantes indigènes. Michaux l'a nommée *Elodea canadensis*. Cette plante s'est propagée aux alentours de Grenoble, notamment dans les fossés auteur du Petit Séminaire. Dans les fossés qui baignent les remparts abondent le *Berula angustifolia* et l'*Helosciadium nodiflorum* Koch, les *Potamogeton crispus* et *densus* Linné, les *Glyceria fluitans* Rob. Brown, *plicata* Fries, l'*Arundo Phragmites*, l'une de nos plus belles graminées. Au bord de ces mêmes fossés et dans les lieux humides, je ferai remarquer une variété du *Cardamine pratensis* L. à fleurs blanches et non roses, plus grande que dans le type à folioles des feuilles inférieures dentées anguleuses ; Mutel, dans la 2ᵉ édition de sa Flore du Dauphiné, lui donne le nom de *C. dentata* : le faciès particulier et constant de cette plante me la fait volontiers considérer comme une espèce distincte. Aux mêmes lieux encore que cette Cardamine viennent les *Ranunculus vulgatus* Jordan et *repens* L., les *Nasturtium palustre* D. C., *sylvestre* et *officinale* R. Br., l'*Althæa officinalis* L., remarquable par ses feuilles velues-soyeuses, le *Potentilla anserina* L., que son duvet argenté fait tout d'abord reconnaître, le *Lythrum Salicaria* L., à longs épis roses, les *Galium palustre* L. et *elongatum* Presl., *Bidens tripartrita* L., *Lycopus europæus* L., *Myosotis palustris* Withering, *Euphorbia platyphylla* L , *Catabrosa aquatica* Palissot de Beauvais, et *Poa pratensis* L.

Sur les talus des fortifications et dans les prairies un peu sèches, nous voyons les espèces suivantes : *Ranunculus bulbosus* L., *Arabis sagittata* DC., *Lepidium Draba* D., à longues panicules blanches, et L. *campestre* R. Br., *Viola hirta, Cerastium vulgatum, Linum catharticum, Geranium dissectum*

Medicago lupulina, falcata, sativa L., et *minima*
Lamk, *Trifolium pratense, Galium verum* L., et
erectum Hudson, *Sherardia arvensis* L., *Knautia
arvensis* Coulter, *Erigeron canadense, Bellis perennis,
Achillea Millefolium, Centaurea jacea* C., *Scabiosa*
L., *Taraxacum officinale* Wigg., *Tragopogon pratensis* L., *Myosotis arvensis* Roth, *Salvia pratensis, Anthoxanthum odoratum, Phleum pratense* et
Dactylis glomerata L.

Aux bords des chemins, au milieu des décombres,
se rencontrent ici et là : *Chelidonium majus, Cardamine hirsuta* L., *Erophila vulgaris* DC., avec plusieurs de ses nombreuses variétés, *Capsella bursa-
pastoris* Mœnch, plante polymorphe, *Sisymbrium
Irio* L., et *officinale* Scopoli, *Lepidium ruderale
et graminifolium* L., *Brassica cheiranthus* Villars,
Erucastrum obtusangulum Reichenbach, *Diplotaxis
muralis et tenuifolia* DC., *Stellaria media* Will.,
Malva sylvestris et *rotundifolia, Agrimonia Eupatoria, Daucus Carota, Œthusa Cynapium, Erigeron
canadense*, plante de l'Amérique du Nord, naturalisée
depuis longtemps, *Anthemis Cotula, Senecio vulgaris, Centaurea calcitrapa* L., *Cirsium lanceolatum* et
arvense Scopoli, *Lampsana communis, Cichorium
Intybus, Convo'v   's arvensis, Heliotropium euro-
pæum, Verbascum Blattaria, Linaria minor, Salvia
verbenaca, Plantago major, media* et *lanceolata* L.,
Chenopodium olidum Curtis, plante d'une odeur
repoussante et détestable, *Chenopodium murale,
polyspermum, album* et *Bonus-Henricus, Atriplex
patula, Amaranthus retroflexus* L, et *sylvestris* Des-
fontaines, *Euxolus viridis* Moquin-Tandon, *Polygonum aviculare, Mercurialis annua, Euphorbia he-
lioscopia, Urtica urens* et *di na* L., *Sclerepsa dura*
P. de B. *Poa trivialis* et *annua Bromus tectorum*,

sterilis et erectus, *Lolium perenne* L., *Verbena officinalis* L.

Après cette énumération, que je n'ai pas voulu in-
terrompre, voici, dans l'ordre même où je viens de
citer ces plantes, les propriétés de quelques-unes :

Les espèces de la famille des Crucifères jouissent,
en général, de propriétés antiscorbutiques et toniques
qu'elles doivent à l'existence dans les diverses parties de la plante, d'une huile volatile, âcre et stimulante : cette huile est en forte proportion dans le
Cresson sauvage (*Nasturtium sylvestre*) et surtout
dans le *Cr. des fontaines* (*N. officinale*), et c'est de
ce principe excitant que vient leur efficacité depuis
longtemps appréciée contre le scorbut. — La racine
de la *Renoncule bulbeuse* (*Ranunculus bulbosus*) est
énergiquement vésicante : elle se distingue parmi
les Renonculacées, qui toutes sont plus ou moins
vénéneuses, par la causticité du suc qu'elle renferme : elle est fort dangereuse pour les bestiaux
eux-mêmes. — Le *Gaillet redressé* ou *Gaillet blanc*
(*Galium erectum*) est celui préconisé à Tain pour le
traitement de l'épilepsie, mais sa vertu réelle est encore à prouver. — On regarde la *Millefeuille commune* (*Achillea Millefolium*) comme un utile astringent. et ses feuilles, triturées dans un mortier,
puis appliquées sur les coupures, les guérissent
promptement. — Tout le monde connaît la *Dent-de-
Lion* ou *Pissenlit* (*Taraxacum officinale* : il contient
un suc lactescent et amer qui donne à la plante entière des propriétés antiscorbutiques : l'infusion de
sa racine s'administre comme apéritive et diurétique.
— Un certain nombre de Labiées tiennent en dissolu-
tion une substance coagulable, analogue au camphre :
c'est elle non seulement qui les rend si agréablement
aromatiques, mais encore leur communique des pro-

priétés excitantes, sudorifiques et fébrifuges : la
Sauge des prés (*Salvia pratensis*) est douée de ces
propriétés, mais surtout la *Sauge officinale* (*S. officinalis* L.) que je prends occasion d'indiquer à une
localité rapprochée de nous, Saint-Martin-de-la-Cluze,
où elle croît à l'état spontané ; les anciens attribuaient
à cette plante une telle vertu, qu'ils s'étonnaient que
l'homme qui la possédait dans son jardin pût
mourir :

Cur moriatur homo cui Salvia crescit in horto? (Schol. Salern.)

— Toutes les Papavérecées sont des plantes plus ou
moins suspectes ; défiez-vous de la *Grande Éclaire*
ou *Herbe de l'Hirondelle* (*Chelidonium majus*) :
de ses tig   brisées et même de ses feuilles déchirées
il découle un suc jaune, rangé parmi les poisons narcotico-âcres ! le seul parli utile qu'on puisse tirer de
ce suc délétère et corrosif, c'est de l'employer en remède contre les verrues, sans toutefois être assuré du
succès. — La *Guimauve* (*Althæa officinalis*), la
Petite et la *Grande Mauve* (*Malva rotundifolia*
et *sylvestris*), sont des plantes bienfaisantes, justement vantées depuis Hippocrate jusqu'à nos jours,
Horace lui-même ne les a point jugées indignes de
ses vers :

Utere lactucis et mollibus utere malvis.

Elles sont une des grandes ressources de la médecine
domestique et doivent à un mucilage abondant les
propriétés émollientes qui les caractérisent : on prépare avec la *Guimauve* une pâte très usitée comme
adoucissante et pectorale. — L'*Aigremoine officinale*
(*Agrimonia Eupatoria*), l'*Eupatoire* des anciens, a
joui autrefois d'une grande réputation ; sans avoir
autant de prestige aujourd'hui, elle est néanmoins
employée comme astringent sous forme de gargaris-

mes. — La racine de la *Carotte (Daucus Carota)* est alimentaire et d'un usage général : quant aux qualités qu'on lui attribue contre la jaunisse, elles ne reposent sur aucun fondement. — Dans la nombreuse famille des Ombellifères, la section des Ciguës est caractérisée par des propriétés vénéneuses très prononcées; elles produisent des effets toxiques semblables et sont placées parmi les poisons narcotico-âcres : ingérées dans le tube digestif, elles y produisent une vive inflammation, exercent sur le système nerveux une action très énergique, causent le délire, des convulsions violentes, même le tétanos, et enfin la mort. L'*Œthuse* ou *Petite Ciguë, Persil de Chien (Œthusa Ciynapium)* agit sur l'organisme animal de la manière que je viens de le dire. La *Petite Ciguë* est très commune dans les jardins et sa ressemblance avec le *Persil* donne lieu à de fréquentes et fatales méprises et a été la cause de bon nombre d'empoisonnements : la médecine cependant lui demande des remèdes; elle est employée comme fondant pour résoudre les engorgements chroniques et pour calmer, en agissant comme narcotique, les douleurs lancinantes que fait éprouver le cancer. — Le *Liseron des champs (Convolvulus arvensis)* a des propriétés purgatives bien constatées : il les tient d'un suc âcre et laiteux mêlé d'une résine particulière qui constitue le principe actif du *Jalap* et de la *Scammonée*, ces purgatifs dont l'emploi est si fréquent en médecine et qui proviennent, eux aussi, d'espèces de Convolvulacées. — Nulle plante n'a été chez les anciens en aussi grande vénération que la *Verveine (Verbena officinalis)* : ils s'en servaient pour nettoyer les autels de leurs divinités, et, comme on le voit dans Virgile, la faisaient brûler avec l'encens :

Verbenas adole pingues et mascula thura.

Les héros d'armes en ceignaient leur tête lorsqu'ils allaient annoncer la paix ou la guerre. Les druides la cueillaient avec un culte religieux. Au moyen-âge, la Verveine était aussi très vénérée de tous ceux qui s'occupaient de divination et de magie ou composaient des philtres. La médecine aussi lui a fait jouer un certain rôle, mais cette dernière gloire, qui lui restait encore, s'est évanouie devant l'analyse chimique : il n'y a plus que la superstition populaire qui lui donne une vertu, celle de rendre insensibles aux fatigues de la marche ceux qui en mettent dans leur chaussure. — Qui ne connaît l'*Ortie dioïque ou Grande Ortie* (*Urtica dioica*) et l'*Ortie brûlante* (*U. urens*), ainsi que la causticité de ce suc limpide et pénétrant sécrété par les poils dont se hérissent leurs feuilles ? La causticité de ce suc est attribuée à la présence du bicarbonate d'ammoniaque, et, dans quelques espèces étrangères des régions tropicales, ce suc est d'une telle âcreté, qu'une piqûre d'*Ortie* fait éprouver pendant une semaine entière et même plus des douleurs intolérables. — Parmi les Euphorbiacées, plusieurs possèdent les propriétés toxiques les plus redoutables : elles sécrètent un suc lactescent dans lequel réside surtout leur principe vénéneux ; ce suc, le *Réveille-matin* (*Euphorbia helioscopis*) en est abondamment pourvu : il en tire une vertu émétique et purgative bien prononcée ; aussi, à certaine dose, ce remède ne serait-il point sans danger. Disons que le fameux *Mancenillier* est un arbre de la famille des Euphorbiacées : il est tellement vénéneux que des personnes ont péri uniquement pour s'être endormies sous son ombre.

Cours Saint-André.

En nous rendant au cours Saint-André par la rue Lakanal (ancien chemin des Boiteuses), nous observons au bord des fossés le *Carex remota* L., espèce assez rare. le *Nardosmia fragrans* Reich., plante à odeur très suave, qui peut-être n'est ici qu'à l'état subspontané, l'*Alisma Plantago* L., dont la racine a joui pendant un certain temps d'une réputation qu'elle n'a pas conservée, celle d'être un excellent spécifique contre la rage; à la lisière des champs cultivés, le *Fumaria officinalis* L. La Fumeterre, autrefois très usitée dans les affections cutanées comme sudorifique et dépurative, est aujourd'hui presque entièrement abandonnée pour des remèdes d'un effet plus sûr.

Nous voici au cours Saint-André, dont les belles allées, plantées d'ormes, de tilleuls, d'érables, de frênes, de platanes et de marronniers, se profilent en ligne droite sur une longueur de sept kilomètres encore du lieu où nous sommes jusqu'au Pont-de-Claix. Nous franchissons la barrière de l'enceinte 1879-80 de la ville. Ces allées même, au fur et à mesure que nous y avançons, nous offrent, ponr ne citer que celles dont nous n'avons point encore parlé, un certain nombre d'espèces qui sont loin de manquer d'intérêt : *Odontites serotina* Reich, *Thrincia hirta* Roth, *Filago spathulata* Presl, *Verbascum pulverulentum* Vill., *Vulpia myuros* Gmélin, *ciliata* Lmk, *Festuca ovina. Œgylops ovata, Veronica arvensis* L., *Arenaria leptoclados* Gussone, et de toutes petites plantes qu'il faut chercher d'un œil attentif, telles que *Sagin procumbens* et *apetala* L., *Alsine viscosa* Schreber,

Herniaria hirsuta L., *Polychnemum arvense* L. et *majus* Al. Br.

Les canaux qui, des deux côtés du cours, le longent dans toute son étendue, sont trop fréquemment nettoyés pour que les plantes aient le temps de s'y fixer et de s'y développer : nous ne nous arrêterons donc pas à les explorer, d'autant plus que le peu qu'ils renferment nous le trouvons au milieu ou sur le bord de ces fossés, de ces petits ruisseaux, de ces routoirs multipliés qu'on rencontre à droite et à gauche et à peu de distance du cours lui-même : c'est là qu'il nous faut chercher et que nous pouvons cueillir les espèces qui suivent : *Hypericum tetrapterum* Fries, *Malachium aquaticum* Fries, *Tetragonolobus siliquosus* Roth, *Epilobium parviflorum* Schreber, *Myriophylum spicatum* L., *Callitriche stagnalis* Scop., *platycarpa* et *vernalis* Kützing, *Spiræa ulmaria* L., vulgairement connu sous le nom de *Reine des prés* et fréquemment employé comme tonique et astringent dans l'hydropisie ou pour donner du bouquet aux vins ; *Spiræa glauca* Schultz, qui n'est peut-être qu'une variété du précédent ; *Sanguisorba serotina* Jord., *Angelica sylvestris* L., *Bifora radians* Bieberstein, plante rare trouvée par MM. les abbés Faure et Sauze près le Petit Séminaire, le long du canal d'arrosage, où vient aussi l'*Aster brumalis* Nees ; *Eupatorium cannabinum* L., *Cirsium monspessulanum* Allioni, *Lysimachia vulgaris, nummularia* L., appelé *Herbe aux écus* et auquel on attribue des propriétés astringentes et vulnéraires ; *Erythræa ramosissima* Pers., *Scrophularia aquatica* et *nodosa* L., deux grandes espèces jouissant toutes les deux de vertus purgatives et émétiques bien prononcées, *Veronica anagallis* et *beccabunga* L., lesquels sont réputés comme antiscorbutiques et se mangent de la même manière que le *Cresson des fontaines; Mentha sylvestris* et *rotundifolia* L., doués, ainsi que la *Menthe poivrée*, mais à un moindre degré, de propriétés stimulantes, résolutives, sudorifiques et surtout antispasmodiques; *Stachys sylvatica* et *palustris, Rumex cripus* L., *Polygonum mite* Schranck, *Alisma lanceolatum* Wither., dont les caractères spécifiques sont peu tranchés et que, pour cette raison, il ne faut peut-être considérer que comme une simple variété de l'*Alisma Plantago; Iris pseudo-acorus* L. dont les graines torréfiées peuvent, au dire de Gray, s'employer en guise de café et s'en rapprochent beaucoup; *Potamogeton pusillus* L., *Zanichellia repens* Bonningh., près du Petit-Séminaire où cette plante rare est abondante; *Sparganium ramosum* Huds., *Carex vulpina*, *muricata, acuta, distans* L., *glauca* Scop., *paniculata, panicea, hirta* L., *riparia* Curt., *Goodenowii* Gay, *disticha* Huds., bien plus rare que les espèces précédentes du même genre; *Agrostis alba, Equisetum arvense* et *limosum* L. A ces plantes ajoutons les *Lemna trisulca*, *minor* et *polyrhiza* L. qui tous viennent aux Granges dans les mares où ils surnagent et que parfois ils recouvrent tout entières comme d'un tapis verdâtre. J'allais oublier de signaler au bord des routoirs le *Ranunculus sceleratus* L.: cette plante, d'une âcreté remarquable, est digne de son nom par ses propriétés toxiques; elle est nuisible aux bestiaux, ce qui la fait appeler, dans le langage vulgaire, *Mort-aux-Vaches*. Les anciens la nommaient *Herbe sardonique*, parce que, prétendaient-ils, ceux qui s'étaient empoisonnés avec cette *Renoncule* expiraient avec un rire convulsif. La meilleure preuve qu'on puisse donner de la causticité de cette herbe, c'est de dire que, si on l'emploie comme emplâtre vésicant, il ne lui faut qu'une heure pour obtenir l'effet de la vésication.

Si des fossés et des lieux humides nous passons aux prairies plus ou moins sèches qui avoisinent le cours Saint-André, voici les plantes qui se présentent à nous : *Trifolium fragiferum* et *repens* L., *Schreberi* Jord., *minus* Relhan, *Lathyrus pratensis*, *Pimpinella magna* et *saxifraga*, *Ægopodium Podagraria* L. à feuilles d'une saveur aromatique, analogue à celle de l'Angélique, et auquel l'ancienne médecine attribuait de grandes propriétés antigoutteuses, ce qui le fit appeler *Podagraire* et *Herbe-aux-goutteux*; *Asperula galioides* Bieberstein, *Leucanthemum vulgare* Lamk., *Pastinaca pratensis* Jord., *Inula salicina* L., *Barkhausia taraxacifolia* DC., *intybacea* DC., *Crepis biennis* L., *Symphytum officinale* L., réputé jadis comme un excellent vulnéraire, réunissant promptement les bords des coupures et des plaies, ce qui lui a fait donner le nom de Grande-Consoude ; *Euphorbia verrucosa* Lamk, espèce assez rare, *Aceras anthropophora* R. Br., *Orchis ustulata* L., charmante fleur dont la pyramide rose est, au sommet, panachée d'un pourpre-noir; *Alopecurus fulvus* Smith et *agrestis* L., *Avena pubescens*, *elatior*, *flavescens*, *Holcus lanatus* L., *Bromus erectus* Huds., *Glyceria loliacea* Godron, près de la Madone du Petit-Séminaire; *Rumex acetosa* L. Tout le monde connaît cette plante qui est l'Oseille commune, cultivée dans nos jardins et dont il se fait une si grande consommation ; l'*Oseille* a une saveur aigre qu'elle tient de la présence, dans ses feuilles surtout, de l'acide oxalique. Non seulement cette plante utile sert d'aliment, mais elle est aussi employée en médecine comme rafraîchissante et anti-scorbutique. Aux mêmes lieux que l'*Oseille* vient cette longue et jolie fleur d'un rose-tendre que vous avez vue si souvent, à la fin de l'été, émailler le gazon des prairies : on l'appelle le Colchique d'automne, *Colchicum autumnale* L. A propos de ce Colchique, c'est le cas de répéter le proverbe : « *Nulla fronti fides.* »

En effet, cette plante, dont la fleur paraît vous sourire avec tant de simplicité et de fraîcheur, cache un poison : non seulement elle est vénéneuse, comme presque toutes les espèces de sa famille, mais elle l'est plus que les autres; son bulbe contient un suc très âcre, dont les propriétés délétères sont dues à un alcaloïde nommé *Colchicine :* c'est un émétique et un purgatif dangereux, et l'emploi imprudent du Colchique d'automne a souvent produit des accidents graves et même mortels; cependant, une médecine éclairée, l'administrant à doses convenables, en tire tous les jours un bon parti. C'est en poudre, en teinture, ou mêlé à du vin qu'on donne le Colchique : on a constaté qu'il est diurétique et qu'il exerce une action spéciale contre la goutte et le rhumatisme articulaire.

A la lisière des prairies, au bord des chemins exposés au soleil, dans les lieux incultes et arides, nous rencontrons : *Geranium pyrenaicum, molle* et *pusillum* L. *Schlerochloa dura* P. de B., *Eragrostis minor* Host, *pilosa* P. de B., *Bromus tectorum, sterilis, Hordeum murinum, Lolium perenne* L., et *italicum* Al. Br. ; *Setaria viridis* et *verticillata* P. de B., *Panicum crus-galli* L., *Digitaria sanguinalis* Scop. *filiformis* Kœl., espèce rare, *Cynodon dactylon* Persoon.

Dans les jardins, viennent ici et là : *Senecio vulgaris* L., dont les feuilles sont utilement employées dans nos campagnes, en guise de topiques émollients et résolutifs, sur les tumeurs inflammatoires ; *Sonchus oleraceus* L., *lacerus* Willd., *asper* Vill., *Lamium amplexicaule* et *purpureum* L., *hybridum* Vill., *Euphorbia peplus*, *Portulaca oleracea* L., ce Pourpier ordinaire, usité à cause de ses propriétés rafraîchissantes et antiscorbutiques, et que l'on mange soit en salade, soit confit au vinaigre, soit cuit et assaisonné ; *Anagallis phœnicea* Lamk. et *cœrulea* Schreb., deux espèces qui ne diffèrent guère entre elles que par la couleur des fleurs : rouges dans la première et bleues dans la seconde, et que, pour ce motif, plus d'un botaniste considère comme n'étant que deux formes simplement de la même plante, appelée par Linné *A. arvensis*. Quoi qu'il en soit, ce petit *Mouron des champs* qui laisse tomber à terre ses tiges faibles et traînantes, en étalant ses jolies feuilles ovales et ses fleurs délicates, qui songerait à s'en méfier ? Cependant, il est délétère et ses propriétés sont très énergiques, car Orfila fit périr un chien en lui faisant avaler trois drachmes seulement d'extrait de cette plante. Autrefois vanté contre la rage, l'hydropisie, l'épilepsie et les morsures venimeuses, l'usage du *Mouron* en médecine est aujourd'hui abandonné. Avant de quitter les jardins, indiquons, sur les vieux murs qui en forment souvent la clôture, une jolie plante qui aime à s'y allonger en fraîches guirlandes bleues, le *Linaria cymbalaria* Miller.

Hâtons-nous de visiter les champs : parmi un grand nombre de plantes communes, nous en trouverons quelques-unes d'assez intéressantes. Dans les terres cultivées ou en jachère, nous voyons : *Delphinium Consolida* L., rare aux environs de Grenoble ; *Alys-*

sum calycinum L., qui a perdu sa réputation de re-mède souverain contre la rage, mais dont les char-donnerets aiment toujours à fleurir leurs nids ; *Sina-pis arvensis* et *nigra* L. Rare dans nos champs, cette dérnière espèce, la *Moutarde noire,* n'y est peut-être même qu'à l'état subspontané : ses usages, comme condiment et comme agent thérapeutique, sont con-nus de tous. Entière, sa graine est inodore et très peu active ; pulvérisée et soumise à l'action de l'humidité ou mouillée, elle développe des propriétés énergiques et devient âcre et piquante. Prise en petite quantité, la poudre de *Moutarde noire* stimule les forces gas-triques et accélère l'exercice de la chymification ; mais, à plus fortes doses, les principes actifs qu'elle recèle pénètrent dans tout le système et surexcitent tout l'or-ganisme : mouillée et appliquée sur la peau, elle l'ir-rite et la rubéfie en moins d'un quart d'heure ; aussi la médecine y a-t-elle souvent recours pour produire d'énergiques révulsions cutanées. Mais revenons à notre énumération et citons : *Reseda luteola* L., vul-gairement appelé *Gaude* et *Réséda, Herbe à jaunir,* employé par les teinturiers, et servant aussi à pré-parer une laque jaune très solide usitée en peinture ; *Viola agrestis* et *segetalis* Jord., *Saponaria Vaccaria, Geranium rotundifolium, Oxalis stricta, Scandix pecten-veneris* L., *Valerianella olitoria* Pollich, la *Valérianelle potagère,* connue sous le nom vulgaire de *Doucette,* et dont nous mangeons les jeunes feuilles en salade ; *Matricaria Chamomilla* L., vulgairement *Camomille commune,* dont les fleurs, en infusion chaude, sont fréquemment employées comme stimu-lantes et antispasmodiques ; *Anthemis Cotula* L., con-nue sous le nom de *Camomille puante,* d'une odeur fétide et d'une telle âcreté, dans toutes ses parties herbacées, qu'elle détermine la vésication de la peau, quand on la manie beaucoup ; *Lycopsis arvensis, Lithospermum arvense, Stachys annua, Euphorbia exigua* et *falcata* L., *Muscari racemosum* DC. et *comosum* Mill., *Setaria glauca* P. de B., *Ornithogalum umbellatum* L., intéressante Liliacée, à jolies ombelles d'un blanc de lait.

Au milieu des moissons se plaisent : *Agrostris interrupta* L., charmante graminée ; *Serrafalcus secalinus* Godr. et *squarrosus* Bab., *Centaurea Cyanus* L., le Bleuet si connu et auquel on a attribué des vertus ophthalmiques plus que douteuses ; *Cirsium arvense* Scop, *Vicia sativa* L., *segetalis* Tuill., *varia* Host, *Ervum hirsutum* L., *Lathyrus Aphaca* L., vulgairement appelé *Pois de serpent*, dont les graines sont délétères et comme narcotiques quand elles sont mûres ; *Melampyrum arvense* L., *Arenaria serpyllifollia* L., *Agrostemma Githago* L., nommé par les laboureurs *Lampette* ou *Nielle :* sa petite graine noire passe pour rendre la farine malsaine, quand elle est mêlée au blé ; *Prismatocarpus Speculum* DC. *Neslia paniculata* Desv., *Arabis Thaliana* L., *Raphanus Raphanistrum* L., *Lolium temulentrum* L., l'une des rares graminées qui possèdent des propriétés malfaisantes : elle contient un principe narcotique qui détermine des effets délétères sur l'homme et sur certaines espèces d'animaux ; *Papaver Rhœas* L., vulgairement *Coquelicot :* il abonde dans les blés qu'il rougit au loin de ses larges pétales ; ces pétales ont pris rang parmi les quatre fleurs pectorales, et, employés en infusion, ils agissent comme sodorifiques et légèrement calmants. Le *Coquelicot* contient, quoique en faible quantité, de l'opium dans ses capsules, et c'est à ce principe que tous les pavots doivent leurs propriétés plus ou moins narcotiques.

Nous trouvons encore dans les champs, le long du cours Saint-André, le *Phelipœa ramosa* C. A. Meyer, non plus au milieu des blés, mais dans les terres ensemencées de *Canabis sativa* L.

Nous n'avons point parlé, en traversant les champs, ni des différentes espèces de froment, ni des orges, ni du seigle que nous y avons vus cultivés, parce que nul peut-être n'est spontané, et qu'ils nous viennent ou de Sicile ou de Perse, ou de Tartarie ou d'autres pays étrangers. Du reste, tout le monde sait les usages auxquels on les emploie pour l'alimentation de l'homme, les liqueurs et l'alcool qu'on en peut tirer par la fermentation ou par l'alambic. Le Chanvre, que nous avons cité, lui aussi, n'est point indigène ; il habite les parties froides de l'Inde d'où il a été introduit en Europe. Parmi les plantes textiles, il est l'une des plus précieuses. Le Chanvre possède des propriétés narcotiques bien marquées, qui ne sont pas sans analogie avec celles de l'opium. Depuis longtemps, en Orient, on fait une préparation dont les sommités de *Chanvre* forment la base et qui est douée de propriétés narcotiques et exhilarantes fort singulières : on lui a donné le nom de *Haschisch*. Le Vieux-de-la-Montagne, dont il est tant parlé dans l'Histoire des Croisades, se servait du *Haschisch*, dit-on, pour enivrer et exalter ses fameux sicaires.

En jetant un rapide coup d'œil sur les différentes haies rapprochées du cours, voici les plantes dont elles se composent, celles qui s'y appuient ou s'y abritent. Ici s'entrelacent et s'étendent la *Clématite vigne-*

blanche (*Clematis vitalba* L.), des Ronces diverses, les unes arborescentes, *Rubus rusticanus* E. Merc., et *R. agrestis* Waldstein et Kitaibel, les autres plus débiles, *Rubus cœsius* L. et ses variétés, la *Rose canine* (*Rosa canina* L.) et le *Lierre* qui grimpe sur les saules (*Hedera helix* L.)

Là se mêlent ensemble, confondent leurs buissons et leurs mille grappes de fleurs blanches et rosées, le *Prunellier* et l'*Aubépine* (Prunus spinosa L. Cratœgus oxyacantha L.), le *Néflier* plus rare (*Mespilus germanica* L.), le *Cornouiller sanguin*, le *Nerprun purgatif* et la *Bourdaine* (Cornus sanguinea, Rhamnus cathartica et Frangula L.), le *Chèvrefeuille à tiges blanches* et le *Chèvrefeuille des jardins* (*Lonicera Xylosteum* et *Caprifolium* L.); de loin en loin se montrent le *Sureau noir* et le *Troène commun* (*Sambucus nigra* et *Ligustrum vulgare* L.), et répandent le parfum de leurs fleurs odorantes. Parmi ces arbustes croissent, s'allongent et s'y suspendent plusieurs plantes volubiles, telles que la *Bryone dioique*, le *Liseron à grandes fleurs*, la *Renouée grimpante* et la *Renouée des buissons*, la *Cuscute majeure* parasite sur l'*Ortie dioique* (*Bryonia dioca, Convolvulus sepium, Polygonum Convolvulus* et *dumetorum* L., *Cuscuta major* DC). Là viennent encore chercher un appui le *Cucubale porte-baies*, assez rare, la *Morelle douce-amère*, le *Gaillet gratteron* et le *G. élancé* (*Cucubulus bacciferus, Solanum Dulcamara, Galium aparine* et *G. elatum* Thuillier). Le long de ces haies, mais de préférence du côté des chemins, aiment à croître l'*Alliaire officinale*, la *Lychnide dioique*, la *Benoîte commune*, le *Gaillet croisette*, le *Pigamon à feuilles étroites*, assez rare, la *Véronique petit-chêne*, le *La-*

mier *maculé* et le *L. blanc,* enfin le **Chiendent** qui aime à étendre là, sans se voir arraché, ses longues racines traçantes (*Alliaria officinalis.* Andrzeiowski), *Lychnis dioica* DC., *Geum urbanum* L., *Galium cruciata* Scop., *Thalictrum angustifolium, Veronica chamœdrys, Lamium maculatum* et *album, Agropyrum repens* (P. de B.). D'autres plantes au contraire recherchent, à l'abri de ces haies, le côté des prairies, ce sont la *Violette odorante,* mais surtout la *V. à feuilles sombres,* la *V. canine* et la *V. de Rivin,* la *Vesce des haies,* le *Gléchome lierre terrestre,* et la *Primevère à grandes fleurs* (*Viola odorata* L., *scotophylla* Jord., *canina* L., *Riviniana* Rchb., *Glechoma hederacea* L., *Primula grandiflora* Lamk.).

Si l'on veut, en nous rendant au chemin de traverse qui doit nous conduire à Echirolles en traversant la voie ferrée de Grenoble à Gap et Marseille par Veynes, et que nous prendrons près du Rondeau, nous dirons un mot de quelques-unes des plantes que nous avons rencontrées dans les haies et dont les propriétés méritent plus particulièrement d'être signalées. — La *Clématite* est âcre et vénéneuse et ses feuilles sont vésicantes : aussi les mendiants, pour se faire des ulcères artificiels, se servent-ils de ses feuilles ou de son suc, ce qui lui a fait donner, outre son nom de *Vigne blanche,* celui d'*Herbe aux gueux.* — Les feuilles des *Ronces* et des *Roses* sont toutes légèrement astringentes et s'emploient en gargarismes : le *Framboisier* est une *Ronce,* et il est inutile de parler de la délicatesse de son fruit et de l'estime qu'on en fait. Les pétales des *Roses,* surtout de celles qui sont le plus parfumées, fournissent une huile essentielle très odorante, appelée *Essence de roses :* ils servent aussi à préparer l'eau distillée connue sous le nom d'*Eau de rose*, usitée comme astringent. Les fruits de la *Rose canine*, ou *Eglantier sauvage*, ainsi que ceux d'autres espèces voisines, sont astringents et on les emploie en médecine contre les diarrhées chroniques et différentes maladies. — Le *Lierre grimpant* a une odeur peu agréable : ses feuilles passent pour sudorifiques, et ses baies sont purgatives et émétiques : à haute dose, elles seraient dangereuses. — Les drupes du *Nerprun purgatif*, ainsi que celles de plusieurs autres espèces, donnent une couleur d'un jaune verdâtre que l'on emploie quelquefois en guise d'encre dans les campagnes ; elles ont une vertu purgative énergique et servent à préparer un extrait et des sirops purgatifs, tels que le *Rob végétal*. La *Bourdaine* jouit de propriétés analogues ; son bois est en outre employé pour la fabrication de la poudre de chasse. — Le *Sureau noir* jouit de propriétés utiles : ses fleurs sont aromatiques et donnent au vinaigre une saveur agréable : prises en infusion, elles sont un bon sudorifique, et, employées en lotions sur les érysipèles, elles en calment l'inflammation. — Les feuilles du *Troène* passent pour astringentes et vulnéraires : ses baies taignent en noir. — N'usez de la *Douce-amère* qu'avec précaution ; ses jeunes rameaux s'administrent, soit sous forme de décoction, soit sous forme d'extrait, contre les affections dartreuses, le rhumatisme chronique et la goutte : quant à ses feuilles et à ses baies, les premières sont vénéneuses et les autres sont suspectes. — Les racines du *Chiendent*, désigné encore sous le simple nom de *Gramen*, donnent à l'analyse du sucre cristallisable et une matière extractive d'un goût aromatique analogue à celui de la *Vanille*. La tisane de

Chiendent est d'un usage journalier : elle est rafraîchissante, diurétique, apéritive et fondante : on y ajoute souvent, pour augmenter ces vertus, un peu de nitrate de potasse. — La *Violette odorante*, à parfum si suave, n'est point sans propriétés médicinales : ses fleurs sont pectorales et s'administrent sous forme d'infusion et de sirop, dans les rhumes et les inflammations légères des voies aériennes et digestives.

La racine de la *Violette* est émétique et purgative : elle produit des effets semblables à ceux de l'*Ipécacuanha*, et peut remplacer ce remède exotique dans presque tous les cas où il est prescrit. — Le *Gléchone lierre terrestre* est tous les jours employé comme fleur pectorale. — Terminons par la *Bryone dioïque :* ses feuilles sont complètement inertes et peuvent se manger en guise de légume ; elles ont même, dit-on, un goût d'asperge ; au contraire, sa racine, vulgairement appelée *Navet du diable,* est un purgatif très énergique. Lorsque cette racine est sèche et pulvérisée, elle est au moins aussi active que le *Jalap ;* à l'état frais, elle l'est beaucoup plus : son emploi aujourd'hui est abandonné à la médecine vétérinaire.

ECHIROLLES ET JARRIE.

En fait de plantes non encore signalées dans notre excursion, je n'ai à indiquer le long du chemin qui nous mène à Echirolles que le seul *Carex divulsa* Good., lequel habite des lieux un peu secs, mais ombragés, et plus particulièrement au pied des arbres. Nous traversons le village en récoltant, dans les interstices de vieux murs, le *Ceterach officinarum*

Willdn., les *Asplenium Trichomanes* et *Rutamuraria* L. Ces trois fougères, ainsi que du reste les autres Polypodiacées dont elles font partie, contiennent un mucilage épais et astringent, avec un arôme plus ou moins prononcé. Le *Cétérach officinal* ou *Daurade* était autrefois vanté contre les affections du poumon ou de la vessie : la *Doradille polytric* ou *Capillaire* et la *D. rue de muraille* sont pectorales, adoucissantes et expectorantes ; on les prend en infusion ou en sirop dans les bronchites chroniques. Au sortir même du village, nous voyons le *Gui* parasite étaler ses rameaux et ses feuilles jaunâtres. Le *Gui blanc* (*Viscum album* L.) croît sur les vieux arbres, et de préférence sur le *Poirier* et sur le *Pommier*, mais rarement sur le *Chêne*. On sait le rôle que le gui de chêne a joué dans les rites religieux des Gaulois, nos ancêtres : leurs prêtres le regardaient, à cause de sa verdure perpétuelle, comme l'emblème de l'immortalité de l'âme et de l'éternité du monde. On le cherchait avec soin dans les forêts ; et, lorsqu'on l'avait trouvé, les prêtres se rassemblaient pour l'aller cueillir en grande pompe : un Druide, en robe blanche et une faucille d'or à la main, montait sur l'arbre et tranchait la racine de la plante que d'autres recevaient dans une saie blanche, sans qu'elle eût touché la terre. Cette cérémonie se pratiquait en hiver, époque où le *Gui* fleurit et où ses longs rameaux verts sont enlacés à l'arbre dépouillé. Comme le gui de chêne était aux yeux des Gaulois une panacée universelle, on le mettait dans l'eau et on distribuait cette eau lustrale à ceux qui en désiraient pour les préserver ou les guérir de toutes sortes de maux. Aujourd'hui, le *Gui* est tout simplement regardé comme astringent : son fruit blanc et toutes les parties de la plante contiennent une substance visqueuse dont la nature est encore ignorée, insoluble dans l'eau et dans l'alcool, employée à faire de la glu pour prendre les oiseaux : c'est à cet usage déjà que le gui servait chez les anciens, ainsi qu'on le voit par ce vers de Virgile :

Tum laqueis captare feras et fallere visco.

Avant de quitter le village d'Echirolles, j'y ferai remarquer encore, dans des masures et à côté des maisons, le *Senebiera coronopus* Poiret, *Galeopsis Tetrahit*, *Melissa officinalis* L., plante pectorale, qui entre pour base dans la liqueur stimulante et antispasmodique, appelée de son nom : *Mercurialis annua* L., à saveur nauséabonde et légèrement purgatif; *Solanum nigrum* L. et *miniatum* Bernhart, à propriétés suspectes, soit dans leurs feuilles, soit dans leurs graines ; *Sison Amomum* L. ombellifère assez rare dans nos environs.

Nous montons vers le bois qui domine le village, et, chemin faisant, nous trouvons au bord des champs cultivés, *Vicia lutea* L., espèce peu commune; dans des lieux incultes, *Onopordum Acanthium*, *Stachys germanica*, *Hieracium umbellatum* L., *Spartium scoparium* L. et *Orobanche rapum* Thuill., sur lequel ce dernier est parasite, *Orobanche Teucrii* F. Schultz, parasite sur le *Teucrium chamœdrys*, *O. epithymum* DC., parasite sur le Thym serpollet; *Aira caryophyllea* L., l'une de nos plus jolies et plus délicates graminées ; à la lisière du bois *Fragaria vesca* L., ce *Fraisier* dont le fruit alimentaire est si justement apprécié de tous ; *Potentilla fragariastrum* Ehrh., plante assez rare; *Geranium nodosum* L., *Euphorbia amygda-*

loides L., *Luzula pilosa* Willdn., *Forsteri* DC., *campestris* DC.; dans le bois lui-même *Doronicum pardalianches* Willdn., belle composée dont le principe actif, analogue à celui de l'*Arnica* et, par conséquent, lui communiquant des propriétés semblables, est une résine d'une excessive âcreté : on peut employer les feuilles broyées, le suc ou l'extrait du *Doronic étrangle-panthère* en les appliquant sur les contusions ou les coupures. Une autre composée qu'il ne faut pas oublier non plus de cueillir dans les bois, c'est le *Serratula tinctoria* L.

Si nous voulons d'Echirolles pousser notre excursion jusqu'à Jarrie, nous récolterons, à notre droite en allant, sur les larges talus du chemin, le *Potentilla rupestris* L., espèce qui habite ordinairement des stations plus élevées ; à notre droite, dans les clairières des taillis, *Vicia tenuifolia* Roth, *Ervum hirsutum* L., *Orobus vernus* et *O. niger* L., et parmi les buissons, presque en arrivant à Jarrie, le *Lonicera Periclymenum* L., beau *Chèvrefeuille* que le suave parfum de ses fleurs fait aussitôt distinguer du *Chèvrefeuille des jardins*. Près de l'ancien lac desséché de Jarrie, nous trouvons dans des flaques d'eau l'*Isnardia palustris* et le *Veronica scutellata* L., espèces intéressantes, et, sur leurs bords humides et spongieux, une délicate cypéracée à tiges ténués et filiformes, l'*Eleocharis acicularis* Rob. Br., le *Scutellaria galericulata*, et *Gratiola officinalis* L. La *Gratiole* contient un principe actif analogue à la *Vératrine* et jouit de propriétés très énergiques : elle est extrêmement amère et constitue un vomitif-purgatif violent et non sans danger quand on l'administre à trop haute dose ; actuellement, elle n'est plus employée, sauf quelquefois dans la médecine vétérinaire.

PONT-DE-CLAIX ET ROCHEFORT.

Rendons-nous de Jarrie par Champagnier au Pont-de-Claix. Arrivés là, près de l'ancien pont et avant de le passer, nous avons à cueillir la *Chataire commune* (*Nepeta Cataria* L.), herbe odorante, sur laquelle, dit-on, les chats aiment à se rouler ; le *Cytisus sessi-folius* L., le *Dianthus sylvestris* Wulfen, formant un gazon épais couronné de belles fleurs roses : c'est sur un petit rocher, au-dessus de la route, qu'on voit ces deux dernières espèces. Contre les parois de ce même rocher vient une forme très remarquable du *Poten-tilla verna* L., à tiges et à feuilles très longuement poilues, ce qui lui donne beaucoup de ressemblance avec le *P. opaca* L. pour lequel Mutel, dans sa *Flore du Dauphiné*, paraît l'avoir pris. Au-delà du pont, près des maisons, au bord des chemins et des moissons, nous prenons *Ranunculus arvensis* L., *Vicia sativa* L., *Seseli coloratum* Ehrh., *Tordylium maximum* L., *Orlaya grandiflora* Hoffm., *Torilis anthriscus, hel-vetica* Gmélin, et *nodosa* Gœrtner, *Caucalis daucoides* L., *Ballota fœtida* Lamk, *Linaria spuria* L., *vulgaris* Mill., *Alopecurus geniculatus* L., *Dipsacus sylvestris* et *laciniatus* L., *Verbascum thapsiforme* Schrader et *Lactuca virosa* L. Toutes les espèces du genre *Laitue* sont tempérantes et un peu laxatives, et renferment un suc laiteux et narcotique jouissant de propriétés analogues à celles de l'*opium*, qui est connu et employé en médecine sous le nom de *Thridace :* plusieurs espèces de *Laitues* sont cultivées dans nos jardins, et leurs feuilles, jeunes encore et hâtées dans leur développement qui devient considérable, constituent un aliment sain, de digestion facile, et rafraîchissant. Mais, dans la *Laitue vireuse*, le principe narcotique dont nous avons parlé se trouve concentré en très forte proportion et elle en devient vénéneuse ; à haute dose, cette plante cause l'empoisonnement. Orfila a constaté que huit grammes d'extrait de *Laitue* vireuse administrés à un chien le font toujours périr.

C'est au monticule de Rochefort que nous allons maintenant : il s'allonge du nord au sud ; le côté par lequel il regarde l'ouest est abrupte et aride ; celui, au contraire, par lequel il se présente au soleil levant, est couvert presque tout entier de taillis et de prairies, et s'incline en pente douce jusqu'au marécage étendu à sa base à la jonction du Drac et de la Romanche et où ont été captées les eaux potables qui alimentent Grenoble : nous allons contourner ce grand rocher en explorant d'abord sa face aride pour revenir, en passant par le marécage, à notre point de départ. Au point rocailleux de Rochefort ou contre ses parois presque nues et desséchées, tournées vers l'ouest, nous cueillons les espèces suivantes : *Fumana Spachii* GG., *Linum tenuifolium* L., *Malva italica* Pollin., *Buplevrum falcatum, junceum* L., *aristatum* Bartling, intéressante espèce, *Galium myrianthum* Jord., *Inula Conyza* DC., *Carthamus lanatus, Carduus nutans* L., *Hieracium pulmonarioides* Will., espèce tellement rapprochée du *H. rupicola* Jord. qu'on serait porté, si on n'y regardait de près, à n'en faire qu'une variété de ce dernier, *Antirrhinum latifolium* DC., *Orontium* L., *Galeopsis angustifolia* Ehrh., *Osyris alba, Buxus sempervirens* L., *Diplachne serotina* Link, *Sesleria cœrulea* Ard., *Stipa capillata.*

Sur le côté opposé du monticule, parmi les taillis, je me contenterai de signaler l'*Acer monspessulanum* L., le *Viburnum Opulus* L. dont les fleurs blanches réunies forment ces bouquets appelés *Boules de neige*, le *Cytisus Laburnum* L., élégant arbrisseau qui laisse pendre de toutes ses branches de longues grappes de fleurs jaunes. Au midi, le marécage dont j'ai parlé est limité par des champs cultivés : là viennent le *Galium tricorne* With., pour nous espèce peu commune, et l'*Echinops ritro* L., vite reconnu à ses feuilles sinuées, spinescentes et aranéuses, ainsi qu'à ses gros capitules bleus et parfaitement arrondis. Non loin du champ où nous venons de cueillir ces plantes, dans le marécage même, nous voyons flotter au milieu de petites flaques d'eau quelques délicates *Utriculaires* (*Utricularia vulgaris* L.), se soutenant à la surface au moyen de petites vésicules fixées à leurs racines et toutes gonflées d'air. De là nous nous dirigeons vers l'extrémité nord du monticule, et, sur notre passage, à travers des gazons plus ou moins humides et spongieux, nous observons ou récoltons *Lychnis flos cuculi, Valeriana dioica, Parnassia palustris* L., *Orchis palustris* Jacq., *Eriophorum latifolium* Hoppe, toutes plantes communes, mais jolies, et qui font l'ornement des marais ; *Carex Davalliana* Smith., *flava* L., *Œderi* Ehrh., *fulva* Good., espèce rare, *Juncus glaucus* Ehrh., *Scirpus holoschœnus* L., *Thesium divaricatum* Jan, qui étend à terre ses tiges diffuses, *Plantago graminea* Mut., espèce distincte du *P. serpentina* qui croît dans le bas Dauphiné et qu'il ne faut pas confondre, comme le font plusieurs auteurs, avec ce dernier ; *Equisetum maximum* Lamk, et enfin, au pied même du rocher avant de le tourner pour revenir à la route, *Geranium purpureum* Jord. et *Melilotus neapolitana* Tenore. Ce *Mélilot* se retrouve à Comboire, mais il est très rare en Dauphiné.

Pour ceux qui voudraient faire une excursion à Varces et à Vif, voici quelques excellentes espèces que je vais leur indiquer :

A Varces, dans des eaux tranquilles, à la partie inférieure du village de l'église *Utricularia minor* L.; derrière le cimetière, sur des pentes bien exposées au soleil, *Ruta graveolens* L., *Galium dumetorum* Jord., *Inula bifrons* L., *Scorzonera austriaca* Willdn.

A Vif, sur la partie supérieure du coteau planté de vignes et exposé au levant, *Cnidium apioides* Sprengel et *Dictamnus albus* L. C'est ce même *Dictame* autour duquel on voit quelquefois, à la fin des chaudes journées de l'été, voltiger des feux follets : la cause de ces feux est due à une huile volatille que le *Dictame* laisse exsuder si abondamment que l'atmosphère environnante devient inflammable dans les temps chauds. Les anciens attribuaient au *Dictame* une vertu souveraine pour la guérison des plaies; mais aujourd'hui on fait plus que douter de ses propriétés.

ROCHER DE COMBOIRE. — ENVIRONS DE CLAIX.

Lorsque de dessus le pont de Claix nous regardons à l'ouest, cette petite montagne escarpée couronnée aujourd'hui d'un fort entièrement masqué que nous voyons, à deux ou trois kilomètres de distance devant nous, se dresser sur la rive gauche du Drac, c'est Comboire, localité souvent visitée par les botanistes et que nous allons nous aussi explorer.

Suivons le long de la rive gauche du Drac le chemin qui traverse les Balmes, et, sans nous arrêter autrement que pour cueillir sur notre passage le *Borrago officinalis* L., plante sudorifique fréquemment usitée dans les fluxions de poitrine, marchons droit vers la base de la montagne, et, pénétrant au milieu d'un petit bois de chêne (*Quercus pedunculata* Ehrh.), pour déboucher à une lisière de pelouses sèches, commençons notre herborisation. Parmi ces pelouses, semées des débris de la roche calcaire qui les surplombe, nous avons à prendre un assez bon nombre d'espèces, les unes faciles à voir, telles que *Aquilegia vulgaris* L., *Silene pseudo-otites* Besser, *Biscutella cichoriifolia* Loiseleur, *Crupina vulgaris* Cass., *Cirsium bulbosum* DC., *Leuzea confera* DC. *Scorzonera glastifolia* Willd., *Crepis nicœensis* Balb., *Aster Amellus, Chrysocoma Linosyris, Solidago Virga-aurea* L., *Carlina acanthifolia* All., dont les larges calathides sont triplement armées de fortes épines, capables de faire de dangereuses blessures; les autres beaucoup plus petites et demandant une recherche plus attentive, telles que *Arabis stricta* Huds., *Viola permixta, sciaphila* et *sepincola* Jord., *Polygala comosa* Schkuhr, *Cytisus argenteus* L., *Ononis Columnœ* All., *minutissima* L., *Coronilla minima* L., *Vicia Bobartii* Forster et *V. Forsteri* Jord., *Leontodon crispus* Vill. Pour cueillir toutes ces plantes dont plusieurs sont assez rares, nous avons, à partir de l'angle de la montagne, au midi, en nous avançant vers le nord jusqu'à ces blocs entassés qui interceptent tout passage entre la montagne et le Drac : nous revenons ensuite sur nos pas, après avoir récolté à travers les broussailles le *Bromus maximus* Desf., le *Rosa spinosissima* L., le *Pistacia Terebinthus* L. dont les grappes ou de fleurs ou de fruits sont presque toujours pourvues d'une substance résineuse exsudée de cet arbrisseau ; enfin le *Rhus Cotinus* L., vulgairement appelé *Sumac fustet*.

Ce petit arbuste, si facile à reconnaitre aux singuliers panaches dont se couronne son fruit, possède des propriétés toxiques : on fait usage de son écorce et de son bois pour teindre en jaune les étoffes et les cuirs. Nous nous arrêtons en face de grandes infractuosités un peu herbeuses, creusées dans les flancs de la montagne : nous nous y enfonçons et les gravissons tour à tour, et nous n'en descendons qu'après avoir cueilli parmi les gazons ou dans les fentes des rochers, les *Kæleria cristata* et *setacea* Pers., les *Stipa capillata* et *pennata* L., ornés tous les deux de fort longues arêtes aussi délicates qu'élégantes ; le *Valeriana tuberosa* L. ; quelques frais bouquets d'*Amelanchier* (*Amelanchier vulgaris* Mœnch), le *Nerprun Alaterne* à feuilles toujours vertes, mais ici plus petites que dans le type *Rhamnus Alaternus* L., var. R. *Clusii* Willdn. ; le *Genévrier sabine*, à grappes de fruits d'un bleu foncé, ce qui le distingue à première vue du *G. de Phénicie* qui a les fruits rouges (*Juniperus sabina* L.).

Cet arbrisseau jouit de propriétés stimulantes dont l'action se porte plus particulièrement sur certaines parties de l'organisme animal : bien dirigées, ces propriétés sont utiles ; mal dirigées, elles sont funestes. Une fois descendus, n'oublions pas d'emporter un rameau fleuri ou fructifié de l'espèce de chêne qui compose le petit bois où nous sommes, c'est le *Quer-*

cus *pedunculata* Ehrh. Parmi les espèces françaises, ce chêne est celui qui, dans des conditions favorables, prend le développement le plus considérable et s'élève à une plus grande hauteur. Rien n'est plus connu que les propriétés astringentes du chêne, et l'emploi qu'on fait de son écorce pour le tannage des peaux. Le tannin qui est le principe actif du chêne, non seulement resserre, contracte et raffermit le tissu animal, mais forme avec lui un composé imputrescible. Soit à l'état de diffusion dans l'écorce et dans les glands du chêne ou dans la noix de galle, soit extrait et à l'état pur, le tannin est également un utile et puissant agent médical, auquel on a fréquemment recours.

Pour continuer notre herborisation, après avoir tourné au midi l'angle de Comboire, nous longeons, dans la direction de l'ouest, le flanc sud de la montagne dont les assises vont en s'abaissant graduellement et que nous finissons bientôt par gravir pour en suivre la crête dans une grande partie de sa longueur; mais nous n'avançons qu'en explorant les pentes tour à tour gazonnées et rocailleuses au travers desquelles nous montons, et les bancs de rochers qui sont devant nous : sur ces pentes, en effet, se trouvent : ce joli safran à corolles blanches, teintées de violet et de veines purpurines, si justement appelé *Crocus versicolor* Gawl, l'*Helianthemum velutinum* Jord., l'*Anthericum liliago* L., l'*Æthionema saxatile* R. Br., le *Fragaria collina* Ehrh, le *Genista sagittalis*, le *Lactuca perennis* L., le *Cynoglossum Dioscoridis* Vill., le *Melampyrum cristatum* L., les *Carex humilis* Leyss., *digitata* L., *ornithopoda* Villdn., *gynobasis* Vill., et *montana* L.; et, contre les rochers, le *Genista pilosa* L., le *Fumana Spachii* déjà récolté à Rochefort, le

Clypeola jonthlaspi L., petite et rare crucifère, facile à reconnaître à son aspect blanchâtre et à ses silicules orbiculaires, en forme de bouclier, caractère qui a fait donner à cette plante le nom qu'elle porte ; enfin, le *Trinia vulgaris* DC.

Je passerai sous silence des espèces déjà citées pour n'indiquer, sur l'arrête même de Comboire, que deux plantes seulement, ce sont le *Daphné des Alpes* (*Dalphne alpina* L.), arbuste nain, d'un aspect cendré, à petites fleurs blanches d'une odeur peu sensible, mais très délicate, et le *Lys blanc* (*Lilium candidum* L.) ; celui-ci, c'est à peu près vers le milieu de l'arête qu'il faut aller le chercher ; quelques bancs de rochers disposés en gradins nous indiquent l'endroit qu'il habite.

Nous glissons avec précaution le long de ces gradins pour les descendre, car nous surplombons un précipice taillé à pic d'une profondeur de plus de deux cents mètres, et bientôt nous avons le plaisir de voir et d'admirer sur sa tige élancée ce beau lys couronné de ses grandes fleurs à corolles d'argent, à étamines d'or, et du parfum le plus suave, ce lys chanté si souvent par les poëtes et si justement appelé le roi des fleurs. Mais ce lys est-il maintenant ici dans son lieu natal, ou bien quelqu'un, pour tendre un piège aux botanistes et mettre leur sagacité à l'épreuve, est-il venu secrètement le transplanter de son jardin sur ce rocher où il prospère depuis longtemps ? Je n'en sais rien.

Le sommet de Comboire est boisé : des taillis le recouvrent en grande partie ; mais ces taillis sont entrecoupés de clairières et de gazons. Un fort avancé du camp retranché de Grenoble occupe l'extrémité méridionale de la crête ; les abords immédiats en sont interdits. Dans les taillis eux-mêmes nous avons à récolter *Acer opulifolium* Vill., *Sorbus aria* Crantz, *Viburnum Lantana* L., *Corylus avellana*, dont les noisettes sont si recherchées des enfants, *Orobus tuberosus* et *niger* L., *Pirethrum corymbosum* W., *Euphorbia dulcis* L., *Asparagus tenuifolius* Lamk., *Teucrium Scorodonia* L , *Brachypodium pinnatum* P. de B., *sylvaticum* Rœmer et Schultz ; et une très belle Liliacée, cet *Asphodèle* que les anciens aimaient à cultiver autour des tombeaux (*Asphodelus albus* Willdn.). M. Jean-B. Verlot a cru que la plante de Comboire avait assez de caractères distinctifs qui la séparaient du type de l'*Asphodelus albus* pour en faire une espèce à part, sous le nom d'*Asph. Villarsii*. A la lisière de ces taillis on trouve ici et là le *Potentilla fragaristrum ;* on y voit aussi, mais surtout dans les clairières et parmi les gazons un peu secs, un certain nombre de nos plus charmantes Orchidées. Bien que que l'on tire des tubercules de quelques espèces une substance alimentaire, connue sous le nom de *Salep*, on peut dire que cette nombreuse famille des Orchidées possède peu de propriétés utiles et semble n'avoir été créée que pour être l'une des plus gracieuses parures de la terre ; mais aussi quelle variété de fleurs, quelles singularités de formes, quelles nuances de couleurs, et presque toujours quelles suaves odeurs et quels délicats parfums ! témoins déjà les seules espèces que nous ayons à cueillir ici et que je vais nommer. Les *Orchis Morio* L. et *simia* Lamk. s'épanouissent en un bouquet ovale et se nuancent de teintes capricieuses, tandis que les *Orchis pyramidalis* et *conopea* L. allongent en pyramide leurs fleurs odorantes et toujours purpurines ; l'*Orchis purpurea* Huds, réunit en un globule serré ses fleurs délicatement semées de points incarnats, les unes avec leurs labelles d'un rose tendre et leurs casques d'un rouge vif et les autres colorées d'un pourpre foncé et presque noir ; l'*Orchis sambucina* L. a des fleurs d'un jaune d'orange et répand une agréable odeur de sureau : l'*Orchis à deux feuilles* (*Orchis bifolia* L.), n'étale au sommet de sa tige que quelques fleurs blanches, mais elles sont embaumées et exalent un parfum de vanille des plus exquis. Dans les Ophrys quelle n'est pas l'étonnante originalité de ces fleurs dont le velours différemment nuancé simule, à vous y faire méprendre, des insectes que vous venez de voir il n'y a qu'un instant. Regardez l'*Ophrys arachnifera* Huds., chacune de ses fleurs vous paraît une araignée suspendue au fil dont elle ourdit sa toile ; aux fleurs de l'*Ophrys apifera* Huds., vous diriez des abeilles qui, venant à peine de s'abattre pour butiner, ont encore les ailes étendues : les fleurs de l'*Ophrys muscifera* Huds. représentent ces mouches dorées qui brillent au soleil du printemps, et celles de l'*Ophrys pseudospeculum* DC. ressemblent à de petits miroirs d'acier poli, richement encadrés.

Une intéressante espèce, le *Xeranthemum inapertum* Willdn., nous inviterait maintenant à descendre la pente de Comboire du côté de Seyssins pour aller l'y cueillir dans les lieux secs qu'elle habite, mais je me contenterai pour cette fois de signaler cette plante, et nous irons visiter, au pied de la montagne que nous venons de gravir, les champs de Claix : là nous attendent : *Asperula arvensis* L., à petites fleurs bleues ; *Valerianella carinata* et *microcarpa* Lois., espèces

peu communes; *Catananche cœrulea* L., qui se plaî
au milieu des blés; *Cuscuta Trifolii* Babingt., véri-
table fléau pour les pièces de trèfle lorsqu'elle par-
vient à s'en emparer; *Chlora perfoliata* L., *Allium
rotundum*, *Euphorbia segetalis* L., rare dans nos contrées; *Gagea arvensis* Schultz, *Coronilla scorpioides*
Koch, plante dangereuse par ses propriétés toxiques
et dont les feuilles sont vésicantes; *Physalis alkekengi*
L., auquel son large calice, d'un rouge cerise quand il
est mûr, donne un facies bien caractérisé. Le long des
chemins ou parmi les buissons qui bordent ces
champs, nous trouvons *Malva hirsuta* L., *Ornithogalum narbonense* et *pyrenaicum* L., *Verbascum
phlomoides* L., l'une des espèces du genre *Molène*
vulgairement connues sous le nom de *Bouillon blanc* et
dont les fleurs pectorales sont recommandées en infusion contre la toux, et les feuilles en applications émollientes; *Tamus communis* L., dont les tiges grêles
très allongées et grimpantes s'étendent au loin sur les
arbustes qu'elles prennent pour appui. Le *Tame* ou
Taminier, également connu sous le nom de *Sceau de
la Vierge*, comme toutes les Dioscorées, à la famille
desquelles il appartient, renferme un principe âcre,
dangereux et toxique du moment où il est concentré :
ses feuilles sont purgatives et même émétiques; sa
racine grosse et charnue était autrefois employée, à
cause de son âcreté, comme application stimulante.
Cependant soit les jeunes pousses, soit la racine du
Tame peuvent devenir alimentaires pourvu qu'on ait
soin de les dépouiller par une cuisson convenable du
principe amer et purgatif qu'elles contiennent. Du
reste, les différentes espèces d'Ignames, qui rendent
aux habitants des régions intertropicales les mêmes

services que nous rend la Pomme de terre, sont des tubercules gros, charnus et farineux, provenant de plusieurs espèces du genre *Dioscorea*.

BORDS DU DRAC (RIVE DROITE) DEPUIS LE PONT-DE-CLAIX JUSQU'AU POLYGONE.

Pendant seize ans que j'ai passé comme professeur au Petit Séminaire du Rondeau, j'ai maintes fois visité, chaque année, la rive droite du Drac, et rarement il m'est arrivé de ne pas y découvrir à ma dernière exploration des plantes que je n'y avais point encore observées précédemment, tant cette localité, à cause de la variété de ses sites, du mélange de ses terrains, de la multiplicité de graines qu'y apportent dans leurs graviers le Drac et la Romanche, a pu réunir d'espèces diverses dans un espace de peu d'étendue. Mais je me hâte, sans parler de nouveau de plantes plus ou moins communes déjà citées ailleurs, d'en venir aux indications que j'ai à donner.

En suivant, à partir du Pont-de-Claix jusqu'au Polygone, les bords du Drac sur une longueur de 8 kilomètres, on rencontre, spontanés ou non, un certain nombre d'arbres tels que : *Populus alba, nigra, Virginiana* L. et *fastigiata* Poir., *Salix alba* L., *Alnus glutinosa* et *incana* Gœrtn., *Ulmus suberosa* Ehrh., *Cerasus Padus* DC., dans une allée aboutissant à la digue ; *Fraximus oxyphylla* Bieb., près de la citerne des fontaines de Grenoble ; F. *excelsior* L. Ce dernier est une des espèces de frêne dont l'écorce sécrète le purgatif si connu sous le nom de *Manne* ; mais, pour que cette sécrétion ait lieu, il lui faut un climat plus chaud que le nôtre. Les feuilles du *Frêne élevé* passent pour jouir de propriétés purgatives égales à celles du séné, et son écorce amère est réputée tonique et fébrifuge.

Plusieurs des arbustes que nous avons vus dans les haies qui avoisinent le cours Saint-André habitent aussi la rive du Drac et, en outre, les *Salix cinerea, purpurea, triandra* L., *incana* Schrank, l'*Hippophae rhamnoides* L., *Myricaria germanica* Desv., *Rosa arvensis* Huds., *pimpinellifolia* Seringe, *Cerasus Mahaleb* Mill. Ce charmant arbrisseau qui se couvre de grappes de fleurs blanches, vulgairement appelé *Bois de Sainte-Lucie*, du nom d'un village des Vosges où il est très commun, renferme dans sa graine une huile fixe qu'on obtient par expression et qu'on emploie dans la parfumerie : son bois exhale une odeur agréable, et les ébénistes le recherchent tant à cause de cette odeur que pour sa dureté et son grain fin et serré qui le rend susceptible de prendre un beau poli. Aux arbustes que je viens de nommer, ajoutons encore le *Colutea arborescens* et le *Coronilla Emerus* L.; toutes les deux jouissent de propriétés purgatives très marquées, et ces deux plantes administrées à une haute dose ne seraient pas sans danger : il en faut dire autant du *Coronilla varia* L., qui croît également sur les bords du Drac; cette dernière plante est même plus que purgative, elle est vénéneuse. Le *Berberis vulgaris* L., bien connu sous le nom d'*Epine vinette*, vient en compagnie de ces plantes suspectes, mais ses propriétés sont bien différentes : les jolies baies rouges de l'*Epine vinette* sont légèrement acides et astringentes et servent à la préparation d'une confiture utile dans certaines fièvres et d'un goût fort agréable : les teinturiers emploient comme astringents la tige et l'écorce de l'*Epine vinette* et en tirent de plus une belle couleur jaune.

Deux familles ont paru se plaire tout particulièrement aux bords du Drac, ce sont les Légumineuses et les Composées ; parmi les Légumineuses qui s'y trouvent, en dehors des trois espèces que je viens déjà de nommer, citons : *Ononis rotundifolia* et *Natrix* L., *O. campestris* Koch. *Anthyllis vulneraria* L., lequel doit son nom spécifique aux propriétés qu'on lui attribue et dont la plante en décoction est appliquée sur les plaies récentes ; *Medicago falcata, Trigonella monspeliaca* L., d'une odeur prononcée et très agréable ; *Melilotus alba* et *officinalis* Lamk., M. *altissima* Thuill., tous les trois aromatiques et pouvant très bien remplacer la *Fève Tonka* pour parfumer le tabac : légèrement astringentes, les fleurs du *Mélilot officinal* en infusion sont un remède contre les ophthalmies peu graves ; *Trifolium pratense* et *repens* L., *Dorycnium herbaceum* Vill., plante rare ; *Lotus corniculatus* L., *tenuis* Kitaibel, *major* Scop., *Oxytropis campestris pilosa* DC., descendus des montagnes ; *Astragalus glycyphyllos, Cicer, Onobrychis, monspessulanus* L., *aristatus* l'Héritier, *Hippocrepis comosa, Onobrychis sativa, Lathyrus hirsutus, Vicia cracca* L., *tenuifolia* Roth, *varia* Host.

Quant à la famille des Composées, elle est ici représentée par les espèces suivantes : *Tussilago farfara* L., béchique fréquemment employé en infusion avec la *Bourrache* et la *Violette* dans les bronchites et la pneumonie ; *Erigeron acre* L., *Inula Conyza* DC., *Anthemis arvensis* L., *Artemisia campestris* L., cam-

phorata Vill., non le type, mais une forme à tige élancée, à très longs épis, et répondant à l'*Abrotanum virgatum* Jord. et Foureau; *Helychrysum stœchas* DC., rare ici ; *Senecio Doria* L., chez nous la plus belle espèce du genre ; *Echinops sphœrocephalus* L., probablement venu de la Grave; *Picris hieracioides* L., *Helminthia echioides* Gœrtn., *Carlina vulgaris, Centaurea amara* L., *leucophœa* Jord., *Carduus crispus* L., *Cirsium ferox* DC., *acaule* All., *Hypochœris radicata, Leontodon hispidum* et *autumnale, Lactuca Scariola* L., *flavida* Jord., *Chondrilla juncea* L., *Barkhausia fœtida* DC., *Hieracium Pilosella* L., plante d'une amertume très prononcée, tonique, apéritive et astringente, souvent employée avec succès dans les dyssenteries rebelles ; H. *florentinum* All., *murorum* L., *umbellatum* L. ; ce n'est point le type de cette dernière espèce que j'ai récolté sur les bords du Drac, mais une forme bien plus grande et plus robuste, d'un vert obscur, à feuilles épaisses, fortement incisées-pinnatifides, à dents aiguës ; j'ai cru y voir le H. *coronopifolium* Bertol. Enfin, n'oublions pas de mentionner le *Chlorocrepis staticœfolia* Griseb.; cette plante, ici très commune, vient de recevoir un nouveau nom ; il y a peu de temps encore qu'on l'appelait *Hieracium staticœfolium* Vill. On a bien fait, je crois, de l'exclure du genre *Hieracium* et de lui donner une place à part.

L'élégante famille des Caryophyllées, sans être aussi nombreuse sur les bords du Drac que les deux précédentes, l'est cependant encore ; en effet, nous y trouvons *Gypsophila repens* L., venue des Alpes ; G. *saxifraga* Vill.; *Dianthus Carthusianorum* L., dont les pétales, ainsi que ceux d'autres œillets, composent une des bases de la liqueur fabriquée à la Grande-Chartreuse; *Silene vesicaria* Schrad., *Alsine tenuifolia* Crantz, *hybrida* Jord., *Jacquini* Koch, trois petites espèces qui doivent être cherchées dans les graviers, à la hauteur de la campagne du Petit Séminaire, de même que les trois suivantes, *Cerastium viscosum* L., *obscurum* Chaubard, *præcox* Ten., *Saponaria officinalis* L. La *Saponaire* est usité en médecine comme diurétique, sudorifique et dépurative : on l'emploie dans les maladies cutanées. Elle sert également, en beaucoup d'endroits, à blanchir le linge fin : par la macération dans l'eau, elle produit, en effet, une mousse savonneuse qui a la propriété de dégraisser et dont le principe est une matière qu'on dégage de la plante au moyen de l'alcool et qu'on obtient à l'état de poudre blanche et incristallisable.

Nous avons à signaler beaucoup d'autres espèces encore dans notre riche localité ; indiquons rapidement : *Barbarea vulgaris* R. Br., *Thlaspi perfoliatum* L., *Erucastrum Pollichii* Schimper et Spenner, *Rapistrum rugosum* Berg., *Reseda Phyteuma* et *lutea* L., *Helianthemum obscurum* Pers., *Fumana procumbens* G. G., *Polygala vulgaris* L., *Hypericum perforatum* L., autrefois réputé comme tonique, vulnéraire et fébrifuge ; H. *microphyllum* Jord., ramené à l'espèce précédente par plusieurs intermédiaires et n'en étant peut-être qu'une variété ; *Potentilla verna* L., avec des formes intéressantes, mais difficiles à limiter et ramenées au type par des intermédiaires ; P. *argentea* L. J'avertis en passant que, si l'on trouve encore sur les bords du Drac, à la hauteur du Petit Séminaire, les *Potentilla cinerea* Chaix, et *vestita* Jord., ces deux espèces n'y sont point spontanées,

mais que je les y ai semées moi-même de graines ve-
nues de Gap.

Revenons à nos indications et signalons encore sur
les bords du Drac : *Poterium muricatum* Spach,
Epilobium rosmarinifolium Hœnke, *Œnothera biennis* L., à fleurs jaunes d'une odeur délicate ; *Ptychotis
heterophylla* Koch, *Pimpinella hircina* Mœnch, *Pastinaca opaca* Bernh., *Laserpitium gallicum* L., *Gal-
lium sylvestre* Poll., *Asperula cynanchica* L., à
feuilles astringentes d'où son nom vulgaire *Herbe à
l'esquinancie, Sedum acre* et *sexangulare, Saxifraga tridactylites* et *granulata, Eryngium campestre*
L., *Scabiosa Columbaria* L., et *patens* Jord., espèce
qui n'est peut-être qu'une variété de la précédente,
laquelle est polymorphe ; *Primula officinalis* L.,
jouissant de propriétés sédatives et sudorifiques bien
prononcées ; P. *variabilis* Goup., espèce toujours bien
distinctes de la précédente par ses longs pédoncules
dressés et par le limbe de ses corolles presque plane
et plus large ; *Cuscuta minor* C. Bauh, parasite sur le
Thym serpolet ; Cynanchum Vincetoxicum R. Br.,
purgatif violent et dangereux ; *Echium vulgare* L.,
doué de propriétés sudorifiques analogues à celle de la
Bourrache ; Lithospermum officinale L., à propriétés
diurétiques, ayant des graines luisantes, revêtues
d'une enveloppe calcaire d'où vient le nom du genre ;
Echinospermum Lappula Lehm, *Cynoglossum officinale* L., dont les feuilles ont une odeur repoussante et
auquel on attribue des propriétés narcotiques ; *Linaria vulgaris* Mœnch., plante qui passe pour purgative
et diurétique ; L. *striata* DC., espèce polymorphe ; L.
alpina DC., à jolies fleurs bleues, mêlées de pourpre
et d'orange, descendu des Alpes ; *Scrophularia cani-*

na L., vulgairement appelé *Rue des chiens*, parce que dans certains pays on l'emploie en frictions pour guérir la gale des chiens et des moutons ; *Pedicularis palustris* L., dans des lieux très humides, près de la citerne des fontaines de la ville où croissent aussi le *Veronica anagalloides* Guss., et une charmante petite fougère l'*Ophioglossum vulgatum* L.; *Orobanche minor* Sutton, parasite sur le Trèfle des prés, O. *cruenta* Bertol., parasite sur les légumineuses et particulièrement sur la *Coronille des jardins*, O. *picridis* F. Schultz, parasite sur la *Picride fausse-épervière*; *Mentha aquatica* L., *Origanum vulgare*, *Thymus Serpyllum* L., *Calamintha officinalis* Mœnch., doué des mêmes propriétés que la *Mélisse* et usité dans les mêmes cas ; *C. nepetoides* Jord., *Acinos* Clairv., *Clinopodium vulgare*, *Hyssopus officinalis* L., *Brunella vulgaris* Mœnch., *laciniata* Lamk., *Stachys recta*, *Teucrium botrys*, *montanum* L., *Ajuga chamœpytys* Schreb., *Globularia vulgaris* L., *Plantago cynops*, *Euphorbia Cyparissus* L., *Spiranthes œstivalis* Rich., *Aceras hircina* Lindl., d'une odeur de bouc très prononcée, d'où lui vient son nom spécifique; *Orchis mascula* L., *Ophrys aranifera* Huds., *Eleocharis ovata*, dans les sables près de la citerne des fontaines de la ville ; plusieurs *Carex* déjà indiqués à Rochefort, et, en outre, *Carex prœcox* Jacq., *obœsa* All., *Cynodon dactylon* Pers., *Andropogon Ischœmum* L., *Agrostis vulgaris* Wither., *Kœleria phleoides* Pers., *Poa bulbosa, compressa, Briza, media* L., *Melica glauca* Fr. Schultz, *nutans* L., *Scleropoa rigida* Griseb., *Festuca duriuscula* L., *Agropyrum campestre* GG., *Lolium rigidum* Gaud., *Equisetum ramosissimum* Desf., et *variegatum* Schleicher.

Le *Ranunculus acris* L., celui que j'appellerai la forme type et qu'il ne faut confondre ni avec le *Ranunculus vulgatus*, ni avec les R. *Friesanus* et *spretus* Jord., se trouve dans les prairies sèches de la campagne du Petit Séminaire, et le R. *Friesanus* dans les haies ombragées des mêmes prairies. L'*Helleborus fœtidus* L., que je n'ai pas encore cité est commun sur les bords du Drac. L'*Hellébore fétide* vulgairement appelée *Pied-de-griffon*, était une plante célèbre chez les anciens; on la regardait comme le plus sûr remède contre la folie; aussi Horace qui voyait dans les avares les plus fous de tous les hommes recommande-t-il de leur administrer l'Hellébore à triple dose,

Danda est hellebori multó pars maxima avaris.

Aujourd'hui on ne reconnaît plus cette vertu à l'*Hellébore*, mais il est encore un drastique puissant et redoutable; aussi la médecine y a-t-elle renoncé pour l'abandonner aux vétérinaires qui se servent de ses racines en raison de leur âcreté, pour entretenir les sétons des chevaux et des bœufs.

L'*Isatis tinctoria* L., croît aussi parmi les graviers du Drac, mais il y est rare. On sait le rôle important qu'a joué cette plante, vulgairement désignée sous le nom de *Pastel des teinturiers:* elle donnait, avant l'introduction de l'indigo en Europe, la couleur bleue la plus belle et la plus solide que l'on connût; on la cultivait en grand, et elle était l'objet d'un commerce considérable. Pourquoi a-t-on abandonné le *Pastel?* Parce que, bien qu'il contienne dans ses feuilles une matière tinctoriale identique avec celle que fournissent les indigotiers de l'Inde et de l'Amérique, cette substance y est de beaucoup moins grande.

Nous terminons cette herborisation, en allant au-delà du pont de fer, cueillir un rameau de *Vigne* (*Vitis vinifera* L.), sur la rive du Drac, près de l'endroit par où nous allons longer le Polygone. C'est par centaines que l'on compte les variétés de la *Vigne cultivée* : je n'ai point ici à m'en occuper. Parmi les usages de la Vigne il en est qu'il est inutile d'indiquer. Tout le monde sait, dirai-je avec Dupiney de Vorepierre au Dictionnaire de qui j'ai emprunté beaucoup de notions sur les propriétés des plantes, que le suc fermenté du fruit de la vigne constitue le vin ; que la distillation du vin donne l'eau-de-vie et l'alcool, et que sa fermentation acide produit le vinaigre. On sait également que le raisin, à l'état de maturité parfaite, est un aliment aussi sain qu'agréable ; toutefois, mangé en trop grande quantité, il agit comme laxatif. Les raisins secs ne sont pas seulement un article de dessert : on les emploie encore en médecine comme pectoraux. Le marc de raisin, qui reste après la fabrication du vin, peut se traiter de manière à fournir une assez grande quantité d'alcool et de tartre. Ce marc est aussi employé pour la fabrication du vert-de-gris ou sous-acétate de cuivre. C'est de la lie du vin qu'on extrait le tartre et la crème de tartre, dont certaines industries font une grande consommation. Enfin, le bois de la vigne, léger et poreux, ne peut guère s'employer que comme combustible ; mais il forme un combustible fort agréable. Les cendres qui résultent de sa combustion sont en outre fort riches en sels de potasse, et certains cultivateurs ont soin de reporter ces cendres sur le sol de la vigne même, pour lui restituer la potasse enlevée par la végétation ; de la sorte cette potasse, absorbée de nouveau par la vigne dont elle est sortie, va rentrer dans la circulation végétative, et, dans ces merveilleuses évolutions de la nature, contribuer à reproduire de nouvelles feuilles, de nouvelles fleurs, un nouveau fruit et les mêmes produits que la vigne a déjà donnés. Que l'homme serait plus reconnaissant s'il savait quelquefois réfléchir à l'inépuisable fécondité que Dieu communique à la nature, pour répondre à ses besoins et aider à ses plaisir.

POLYGONE D'ARTILLERIE.

A partir du confluent de l'Isère avec le Drac, prenez sur la rive gauche une longueur d'un kilomètre et demi, et, de son confluent avec l'Isère, avancez-vous sur la rive droite du Drac, avec une ouverture d'angle de 60 à 65 degrés, à une distance d'un kilomètre environ ; de ce point tirez ensuite une ligne de près d'un demi-kilomètre, parallèle à la rive de l'Isère, et ces deux lignes joignez-les par une troisième perpendiculaire à chacune d'elles ; c'est là le Polygone d'artillerie de Grenoble. Si j'ajoute que la partie supérieure du Polygone, au levant, est en général sèche et aride ; au contraire, que sa partie inférieure, au couchant, est couverte de prairies marécageuses, entourées d'une ceinture de saulaies, vous aurez une idée parfaitement exacte de la localité que nous allons explorer.

Parcourons d'abord la partie sèche et aride du Polygone (1) ; je me contenterai d'y indiquer *Helianthe-*

---

(1) Une permission sera nécessaire pour pénétrer sur ce terrain qui, enceint de hautes murailles et de fossés profonds, est gardé par des sentinelles et des plantons qui interdisent les abords des immenses hangards où est remisé, non loin de la gare, une partie du matériel d'artillerie du XIVe corps d'armée.

mum vulgare Gœrtn., *Saponaria officinalis, Cerastium semidecandrum* et *arvense, Artemisia vulgaris, Carduus defloratus* L., *Tragopogon major* Jacq., *Phleum viride* All., *Tragus racemosus* Haller, *Cynosurus cristatus* L., *Polygonum Bellardi* All.

Parmi les buissons, nous trouvons le *Cratægus monogyna* Jacq., et, dans les prairies peu humides ou dans les endroits frais et herbeux, à travers les aulnes et les saules du côté de l'Isère, *Thalictrum aquilegifolium* L., à grandes panicules formant un joli bouquet de fleurs blanches, rosées ou purpurines ; *Cardamine pratensis* L., *Polygala oxyptera* Rchb., espèce bien rapprochée du P. *vulgaris* L., si même elle n'en est pas une simple variété ; P. *amara* Jacq. et *austriaca* Crantz, *Geranium columbinum, Genista tinctoria* L., plante douée de propriétés purgatives bien marquées, et, en outre, comme le rappelle son nom spécifique, tinctoriale dont on obtient une belle couleur jaune, et, par son mélange avec le *Pastel*, un beau vert ; *Medicago media* Pers., *Trifolium campestre* Schreb., *Silaus pratensis* Besser, *Heracleum Sphondylium* L., très-grande ombellifère, avec une racine sucrée et fermentescible qui sert à préparer une ligueur très enivrante à laquelle on donne le nom de *Parst* ; *Stenactis annua* Nees, *Solidago glabra* Desf., *Inula Vaillantii* Vill., probablement descendue des montagnes ; *Senecio erucæfolius* Huds. et *Fuchsii* Gm., belle espèce, préférant des stations plus élevées ; *Sonchus arvensis* L., *Hieracium Auricula* L., *Chlora serotina* Koch, assez rare, *Erythræa Centaurium* Pers., tonique et fébrifuge très usité ; *Veronica serpyllifolia* L., *Rhinanthus alectorolophus* Poll., *major* et *minor* Ehrh, tous les trois teignant la laine passée à l'alun en jaune vif, et la soie en jaune-citron; *Orobanche rubens* Wallroth, parasite sur la *Luzerne en faucille* et la *Luzerne cultivée*; *Ajuga reptans* L., *Listera ovata* R. Br., *Ophrys arachnites* Host, *Carex alba* Scop., très facile à reconnaître à ses épillets argentés; *Avena pratensis* L., *Festuca pratensis* Huds., *Gaudinia fragilis* P. de B., *Asparagus officinalis* et *Humulus Lupulus* L. : disons un mot de ces deux dernières plantes. Comme on sait, l'*Asperge officinale* est alimentaire et l'objet d'une culture importante ; ses jeunes pousses, au printemps, forment un mets très sain et fort recherché. L'*Asperge* exerce sur certaines sécrétions une action spéciale que peuvent constater presque immédiatement ceux qui en ont mangé : ses racines, ses jeunes pousses, sont un des diurétiques dont l'effet est le plus sûr et le plus prompt. On prépare avec l'*Asperge* un sirop dont les propriétés sédatives diminuent la fréquence des battements du pouls et produisent les mêmes résultats que la Digitale dans les maladies du cœur. Le *Houblon* est cultivé en grand dans tous les pays où la bière constitue la boisson habituelle des habitants : ce sont les cônes des fleurs femelles qui servent à communiquer aux bonnes bières cette saveur franchement amère et aromatique qui leur est particulière, ainsi que les propriétés toniques dont elles jouissent. Les cônes du *Houblon* doivent leur vertu presque uniquement à la poussière jaune qui entoure les fruits : c'est en simple infusion que la médecine les emploie ; ils sont fort usités dans tous les cas où les amers sont prescrits, et particulièrement pour exciter l'appareil digestif et réagir contre les affections scrofuleuses.

La partie humide et marécageuse du Polygone nous

offre beaucoup de plantes à cueillir, et ce sont particulièrement des Cypéracées et des Graminées; je cite-
rai les suivantes : *Ranunculus trichophyllus* Chaix et
Flammula L., *Cirsium palustre* Scop., *Œnanthe La-
chenalii* Gm., espèce vénéneuse, moins cependant que
d'autres du même genre; *Senecio paludosus* L., *Pin-
guicula vulgaris* Huds., rare dans cette localité; *Taraxacum palustre* DC., *Polygonum amphibium* L.,
mite Schrank, *lapathifolium, Persicaria, Hydropiper*
L., celui-ci d'une âcreté très prononcée et vésicant;
Spiranthes autumnalis Rich., *Epipactis palustris*
Crantz, *Orchis latifolia L., Triglochin palustre, Typha
latifolia* L., belle espèce, dans nos contrées, la Reine
des marais; *Juncus lampocarpus* Ehrh., J. *anceps*
Laharpe, espèce rare facile à confondre avec le *Juncus alpinus* Vill., J. *obtusiflorus* Ehrh., *compressus*
Jacq., *bufonius* L., *Cyperus longus* L., remarquable
par les grandes ombelles de ses épillets longuement
pédicellés et luisants; C. *fuscus* et *flavescens* L.,
Schœnus nigricans, Scirpus sylvaticus, maritimus
lacustris, triqueter L., *pauciflorus* Lightf., *Eleocharis
palustris* R. Br., *uniglumis* Koch, *multicaulis* Dietr.,
Carex tomentosa L., et la plupart des autres espèces
de ce genre que j'ai déjà signalées soit aux environs
du Cours, soit dans les marais de Rochefort; *Phalaris
arundinacea* L., *Calamagrostis Epigeios* Roth, et *lit-
torea* DC., *Lasiagrostis Calamagrostis* Link., *Des-
champsia cœspitosa* P. de B., *Molinia littoralis, Festuca arundinacea* Schreb.

Tous les peupliers, tous les saules que j'ai déjà si-
gnalés sur les bords du Drac, de même que les aulnes,
se retrouvent au Polygone, et de plus les *Salix vitel-
lina* et *capræa* L., *nigricans* Smith, *daphnoides* Vill.,
viminalis L., *purpurea* L. et *Betula alba* L.

A propos des saules et des peupliers, disons que leur écorce est en général douée d'une saveur amère et astringente très caractérisée ; aussi est-elle réputée comme possédant des propriétés toniques, stomachiques et fébrifuges qui en font un succédané de la Gentiane et du Quina. On fait avec le bois de plusieurs espèces de saules un charbon employé à la fabrication de la poudre et à celle des crayons.

Pendant l'hiver, les bourgeons de *Peupliers*, entre autres ceux du *Peuplier noir* dont nous avons parlé, sont enduits d'une matière résineuse, amère et balsamique, recherchée au printemps par les abeilles, qu'on dit être diurétique et utile contre le scorbut : cette matière entre pour base avec la Belladone, la Jusquiame, la Morelle et le Pavot dans la composition de l'onguent populéum, sédatif d'un emploi fréquent, appliqué en topique sur les tumeurs, les gerçures, les petites plaies et les brûlures.

L'*Aulne glutineux* contient dans son écorce le même principe amer que les *Saules* et possède des propriétés analogues à ces derniers : son bois qui se pourrit très promptement à l'air est incorruptible dans l'eau.

Le *Bouleau blanc* que nous avons vu au Polygone se plaît dans des stations plus élevées où il monte, pour les arbres, jusqu'aux dernières limites de la végétation. Comme l'écorce des Aulnes, celle du Bouleau blanc est astringente et on l'emploie comme fébrifuge. On extrait du *Bouleau* une huile essentielle qui sert à la préparation des cuirs dits de Russie, et leur communique cette odeur agréable qui les caractérise. On tire du *Bouleau* un autre produit encore, et cet arbre est une vigne pour les habitants de certaines contrées du nord de l'Europe : en effet, au moyen d'incisions faites au Bouleau, ils en recueillent la sève au printemps ; cette sève, qu'ils laissent fermenter, se transforme, grâce au sucre qu'elle contient en forte proportion, en une liqueur pétillante assez agréable qui a reçu le nom de *Vin de Bouleau*. On attribue à ce vin, dans les régions septentrionales, une vertu merveilleuse pour guérir de la pierre et de la gravelle.

Revenons à Grenoble, en explorant certains fossés près du cours Berriat, pour y récolter l'*Hordeum secalinum* Schreb., le *Cardamine amara* L. à longues panicules de fleurs blanches, et le *Sagittaria sagittæfolia* L., plante si bien appelée du nom qui lui convient le mieux, car ses feuilles représentent parfaitement un fer de flèche.